餐桌上的偽科學2

頂尖醫學期刊評審用科學證據解答 50個最流行的健康迷思

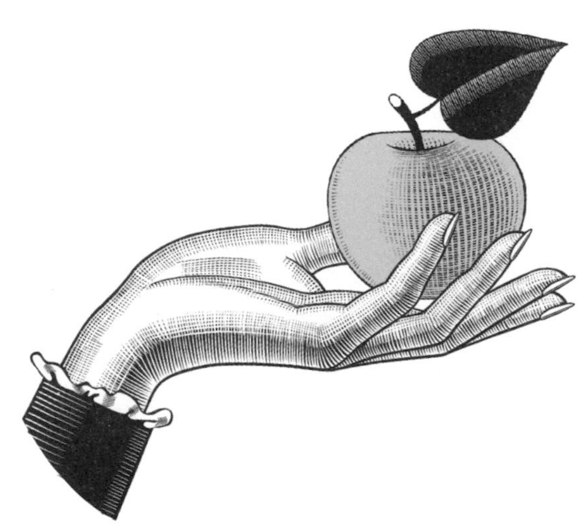

Ching–Shwun Lin,PhD

「科學的養生保健」站長

林慶順教授——著

前言

科學的養生保健，養生保健的偽科學

無聊的真相永遠趕不上聳動的謊言

三年前，準備成立網站時，為了取名字左思右想，絞盡腦汁。最後，雖然是取了「科學的養生保健」，但其實我心裡想的是「養生保健的偽科學」。畢竟，打擊偽科學才是我成立網站的初衷。至於為什麼要打擊偽科學，我在網站中的「關於本站」已經稍作解釋。現在，我再來借助權威，請讀者看一篇「美國醫學會」（JAMA）在 2019 年 4 月發表的文章，標題是「對抗偽醫療信息」[1]。它說：

偽醫療信息並不是什麼新鮮事，但已經變得無所不在。幾乎任何人都可以說任何事，而偏偏就是有人會相信。由於每天有數十億人在線，所以偽醫療信息可以快速傳播。更糟糕的是，聳動的謊言顯然比無聊的真相傳播得更快。這個新的網路世界促進了假專家、名人以及包括醫生在內的騙子對消費者的直銷。 其結果是像基改食品和常見疾病治療等各種主題的錯誤信息。

所以，主流醫學是已經注意到偽科學氾濫，只不過似乎還是束手無策。我呢，為了打擊偽科學，可以說是鞠躬盡瘁死而後已，但是，每天看著自己網站的點擊率，再看看那些偽科學網站的點擊率，實在不得不向這個事實低頭，那就是「無聊的真相永遠趕不上聳動的謊言」。

趕不上，但路還是得走下去。就這樣咬緊牙關，夙夜匪懈，到2019年6月26號，已經發表了近六百篇文章。去年夏天，一心文化從當時的四百多篇文章裡挑選了五十篇匯集成冊。給網站取名字難，給書取名字更難。平淡，怕沒人買；浮誇，怕失格調，如何拿捏？出版社總編跟我說，這本書的名字有幾家書店建議用《偽科學終結者》。我聽到後還覺得蠻有意思的，因為我的幾位朋友也叫我「謠言終結者」。但是，偽科學能終結嗎？謠言能終結嗎？其實，在一則訪問中我有說「我並不存有任何妄想能夠扭轉偽科學當道這個已然不可逆的局勢」，所以，我所能做到的，頂多也就是打擊偽科學，能打幾個算幾個。至於「偽科學終結者」或「謠言終結者」，就留給我將來寫一本科幻小說吧。

2018年12月7日《餐桌上的偽科學》出版了，真是有點意外，竟然一炮而紅成了暢銷書。尤其是電子版，還榮登「讀墨」（Readmoo）排行榜第一名。主流媒體「飛碟電台」、「張大春泡新聞」及「壹電視」為了介紹這本書，邀我上節目訪問。中國以及韓國的出版社也先後買了這本書的版權，所以不久後就會有簡體字版以及韓文版銷售。但其實，許多大陸人士已經看過這本書（希望不是山寨版）。

最適合提供養生保健建議的專家，條件為何？

2019 年 5 月，一位大陸記者用電郵跟我聯絡。她說自己看過《餐桌上的偽科學》，所以希望能藉由訪問我，來將正確的養生保健常識傳達給大陸民眾。她總共提出了二十一個問題，而其中這一個是最讓我印象深刻的：「什麼身份的人最合適或有資格給普通人提出科學食用保健品的建議呢？」

一時間，這還真把我給考倒了，是醫師、藥師、營養師、自然療師，還是什麼其他師？

美國的人口約三億三千萬，有兩個醫療保健電視節目。台灣的人口約美國的十五分之一，醫療保健電視節目的數目卻是美國的十倍以上。有研究顯示，美國的那兩個電視節目所給的建議裡，有

15% 是違反科學證據，有 32% 是毫無科學根據[2]。那，台灣的二十幾個醫療保健電視節目所給的建議裡，有多少是違反科學證據，有多少是毫無科學證據？如果您經常看我的文章，心裡應該會有個不祥的數字吧。

有十位美國頂尖的科學家曾如此批評醫療保健電視節目「奧茲醫生秀」(The Dr.Oz Show) 的主持人奧茲醫生：「奧茲醫師一再表現出對科學和循證醫學的蔑視，以及對基改作物毫無根據和無情的反對。最糟糕的是，他為了個人經濟利益而推動庸醫治療，表現嚴重缺乏誠信。」而奧茲醫師的回應是：「我的節目並非醫療節目，而是娛樂節目」[3]。有位台灣醫師曾如此評論台灣的醫療電視節目：如果認為「那只是個綜藝節目，看看就好」或者「跟這樣的節目認真就輸了」恐怕是低估了該類型節目的影響力[4]。

三年前網站剛成立時，我就發表了一篇揭露酸鹼騙術的文章，而到了 2018 年 2 月，我總共發表了六篇相關的文章。這份執著與努力總算在 2018 年 11 月 2 日得到一點安慰，那就是加州法院判決酸鹼騙術發明人羅伯特・楊（Robert Young，自然療師）要賠償一億美金給一位受害者（這位受害者被羅伯特・楊用靜脈注射蘇打水來治療癌症，請看《餐桌上的偽科學》第 264 頁）。

現在網路上已經可以看到一大堆一窩蜂跟著「揭露」酸鹼騙

術的文章。可是，我幾乎可以肯定，寫這些文章的人，有很多曾經是酸鹼邪說的散播者。對他們來說，什麼是對、什麼是錯，並不重要，反正只要能搞出個聳動標題來吸引點擊就好。不管如何，我在2019年5月25日到博客來網站搜索，還是看到有七十四本教人如何改變酸性體質的書籍，作者不是醫生，就是營養師或自然療師。所以，他們是「最合適或有資格提出科學食用保健品建議的人」嗎？

問題出在哪裡？為什麼這些經常提出食用保健品建議的人都不適合，也沒有資格？答案其實很簡單：因為他們之所以會給建議，不外乎就是為了撈錢。科不科學對他們來說並不重要，關鍵是在於有沒有錢可撈。只要有錢可撈，違反科學又有啥關係。反正普羅大眾也搞不懂什麼是真科學，什麼是偽科學。

全球通病——生化盲

有好幾位讀者在看到我對保健品或另類療法的批判之後，就回應：「台灣人難教好騙」。可說實在的，這種說法並不完全公平。畢竟，美國人也一樣，而且說不定有過之而無不及。要不然，保健品在美國怎麼會發展成每年營收三百億美金的行業？其實，根據我這麼多年的觀察與探索，「難教好騙」並不分種族國度，而是一個全球通病，而究其原因，不外乎是人們普遍的「生化盲」。想想看，連醫生和醫學院的教授都不知道蛋白質會在消化道裡被分解成氨基酸，那也就難怪普羅大眾會相信吃膠原蛋白可以使皮膚Q彈美白了。

在上一本書中，我已經提到，美國有位網路名醫曾發文說，因為地瓜含有貯藏蛋白（Sporamin），所以吃地瓜可以抗癌。無獨有偶，在本書裡您也會看到，台灣有幾位醫生和藥學教授曾發布新聞說，因為鳳梨含有鳳梨酵素，所以吃鳳梨可以治療飛蚊症。由此可見，「生化盲」是不分醫生教授或市井小民，中外皆然。所以，什麼人是最合適或有資格提供保健品的建議呢？我最後給這位記者的回答是：「在醫學有深厚的底子，在營養學有廣泛的涉略，而又沒有任何金錢利益瓜葛的學者」。

有鑑於「生化盲」之普遍，這本書的第一章「基礎健康講堂」就是希望能通過我們日常的飲食及作息來灌輸一些基本的健康常識。例如喝酒為什麼會臉紅，臉紅到底是好是壞，口腔衛生如何影響全身健康……等等。第二章的「食補與保健品的騙局」是繼續揭露更多為了賺錢而不擇手段的補充劑產品及相關著作。第三章的「特殊療法，不要輕信」是要告訴讀者，所謂的「顛覆性療法」、「革命性療法」、「自然療法」、「逆轉」等等，其實是毫無療效，甚至於極度危險。第四章的「食材謠言追追追」當然就是要追討那些在群組裡瘋傳的飲食謠言，例如什麼木瓜可以治百病、太白粉有毒等等。第五章的「新科技，還是偽科學？」主要針對一些所謂的新科技所做的分析和批判，希望藉此能幫助讀者了解它們背後隱藏的真相。

那位大陸記者提出的最後一個問題是「我創設網站的原因和願景」。我的回答是，創設網站的初衷是因為我看不慣騙子横行和偽科學氾濫，所以希望這個網站能像湍流中的石頭一樣，能讓「有緣人」抱住，不致被沖入深淵。如今，經由一心文化的協助，這個網站也衍生出了兩本書，又可渡化更多「有緣人」。不僅如此，我會捐出所有版稅來幫助台灣的弱勢兒童及青少年，所以幫助弱小也成為我新的願景。

目錄
contents

目錄
contents

Part 1
基礎健康講堂

油、酒、茶、糖⋯⋯每天都要接觸的食材，我們該如何選擇和判斷？答案是：一切參考科學實證

1-1 亞硝酸鹽的惡名與真相

#剩菜、硝酸鹽、亞硝胺、重新加熱、香腸、加工肉品、烤肉

2017 年 2 月，在電視上看到一則華視新聞，標題是「這些年菜回鍋變質吃多好傷身」[1]，讓我非常詫異，並不是因為它報導了什麼了不起的新聞，而是因為該報導是已經快四十年的老掉牙錯誤資訊，也早已被推翻了，我把第一段拷貝如下：

年節假期結束，但是冰箱裡面是不是還有好多年菜沒吃完呢？提醒您，像是蛋白質類的食物，比方說雞肉跟雞蛋等就不適合加熱再吃，因為蛋白質會變質，可能傷害肝腎，另外還有蔬菜類，包括菠菜跟芹菜重新加熱，也會產生亞硝酸鹽，長期吃恐怕會致癌。

剩菜致癌是無稽之談

這裡暫且不談蛋白質，就只專注在亞硝酸鹽好了。有關「青菜重新加熱，產生亞硝酸鹽」一事，早在 1981 年，《紐約時報》就已經有報導，其結論是毋庸大驚小怪[2]。近幾年來，陸陸續續也有幾篇破解此一錯誤資訊的文章。譬如，2016 年就有這麼一篇文章。它的內容大致如下：

歐洲食品信息委員會（European Food Information Council）發出建言，勸大家不要吃重新加熱的菠菜。英國的獨立報刊載此建言後，香港的某報給予轉載。有一婦人看了該報導後，再也不敢吃重新加熱過的蔬菜。她的兒子亞伯特蒐集了一些科學資料後告訴媽媽，不會有事。可是，媽媽不相信他講的，其他家人也不相信他。於是，亞伯特向該香港報社及英國獨立報抗議。在抗議無效後，他寫信給歐洲食品信息委員會，並附上相關的科學資料。歐洲食品信息委員會看過亞伯特的信後，知道他們的建言是錯的，於是就把該建言從網站上刪除。

我不想浪費時間多談這一個老掉牙的錯誤資訊。我只再提供另一篇有科學根據的文章[3]，此文結尾是：吃你的蔬菜。保存剩菜。 加熱它們，吃它們。 你不會有事的。

本文發表後，讀者 teabeilin 回應：從小就養成節儉不浪費食物的習慣。幾年前也看過勸人不要吃剩菜的文章，說加熱產生的物質對人體有害。但我不相信，仍照吃不誤。這篇文章太好了，印證那根本是錯誤訊息。我的回應是：我們的長輩很多是吃了一輩子的剩菜，可是，活到八、九十歲的大有人在。本文的目的並不是要鼓勵吃剩菜，只是說，剩菜致癌是無稽之談。

硝酸鹽、亞硝酸鹽、亞硝胺的關係

讀者 Bow Cheng 在 2019 年 3 月寄來一篇《新假期周刊》的文章，詢問隔夜菜是否真的會致癌。文章的第一段是：根據食物安全中心的報告指出，部份蔬果本身就含有硝酸鹽，如果煮熟後放置時間太久，細菌會把硝酸鹽分解成毒性較高的亞硝酸鹽，便可引起消化道的細胞癌變。

由於我已發過文駁斥隔夜菜會致癌的傳言，所以立刻把文章寄給這位讀者，要他放心。不過，我也有跟他說，我也許會再寫一篇來做進一步解釋。

正巧，2019 年 5 月，舊金山台灣商會邀請張嘉周先生演講，談及有關火腿、香腸等加工肉品的製作與安全性，其中當然也觸及到亞硝酸鹽之添加。

「硝酸鹽」通常指的是「硝酸鈉」（NaNO3），而「亞硝酸鹽」通常指的是「亞硝酸鈉」（NaNO2）。這兩種化學物質會在不同的環境中（細菌、氧氣、溫度、酸鹼）互相轉化（氧化或還原）。《新假期周刊》那篇文章所說的「蔬果本身就含有硝酸鹽……細菌會把硝酸鹽分解成毒性較高的亞硝酸鹽」，基本上還算正確，只不過是用錯了「分解」這個詞（正確用詞是「轉化」），但是，它所說的「便可引起消化道的細胞癌變」，則完全是危言聳聽。加工肉品之所以要添加硝酸鹽或亞硝酸鹽，主要的目的有四：一、抑制細菌，尤其是極其危險的肉毒桿菌；二、保持肉的紅色；三、創造醃肉的特殊風味；四、延緩脂肪的酸敗。

在早期，肉品加工所添加的都是「硝酸鹽」，但是後來發現硝酸鹽會被細菌轉化成亞硝酸鹽，而亞硝酸鹽才是真正有上面所說的那四種作用，所以現在肉品加工所添加的全都是亞硝酸鹽。**亞硝酸鹽的毒性的確是比硝酸鹽高。但所謂「毒性」，指的是遠遠超過肉品加工所添加的劑量**，而且，主要是指會造成「血紅素變性」，不是「細胞癌變」。

亞硝酸鹽在高溫或酸性的條件下會跟「胺」結合而形成「亞硝胺」，而有一些用動物做的實驗有發現亞硝胺是會致癌。但是，目前還沒有亞硝胺會在人體致癌的證據。不管如何，就因為亞硝胺有在動物發生致癌的現象，所以醫學界一般是建議不要常吃高溫燒烤的香腸、培根、火腿等等添加了亞硝酸鹽的肉品。

儘管如此，傳言裡常說的「因為肉品裡含有大量蛋白質，所以很容易形成亞硝胺」，是不對的。事實上，亞硝胺的形成是因為亞硝酸跟游離的胺結合，而非跟蛋白質結合。游離「胺」在肉品裡（不論是新鮮或加工）的含量通常都不高，而加工肉品裡的亞硝酸鹽含量也會隨著時間而降低（轉化成「硝酸鹽」)。所以，加工肉品的「亞硝胺」致癌疑慮，其實是被過度渲染，有興趣的讀者請看附錄中的這篇文章[4]。

加工肉品不健康的真正原因

事實上，我也曾說過，比起擔心亞硝胺，香腸所含的飽和脂肪、鹽分及卡洛里，也許才是更值得關心。**另外，烤肉會產生一些有害的化學物質，而這些物質不但可能致癌，也可能會誘發氧化應激、炎症、胰島素抗性以及高血壓**。所以，加工肉品，尤其是用燒烤的，最好還是偶爾為之。

另外三個有趣的事實是：一、我們的口水裡本來就含有大量的亞硝酸鹽；二、來自食物的硝酸鹽及亞硝酸鹽被認為是有益健康的，請看附錄中的這兩篇論文[5]；三、有研究顯示，硝酸鹽或亞硝酸鹽可以被用來治療心衰竭。也就是說，傳言中的毒藥卻可能是良藥[6]。總之，不論是隔夜菜或是加工肉品，有關它們因為含有「亞硝酸鹽」而會致癌的說法，都是源自於錯誤認知而造成的以訛傳訛。

林教授的科學養生筆記

- 加熱隔夜蔬菜會致癌，純粹是無稽之談
- 亞硝酸鹽所謂的毒性，指的是遠遠超過肉品加工所添加的劑量。游離胺在肉品裡的含量通常都不高，加工肉品裡的亞硝酸鹽含量也會隨著時間而降低，所以加工肉品的亞硝胺致癌疑慮，其實是被過度渲染
- 加工肉品不健康的原因，主要是因為其飽和脂肪、鹽分及卡洛里，而非添加的亞硝酸鹽和產生的亞硝胺
- 烤肉會產生一些有害的化學物質，可能致癌和誘發氧化應激、炎症、胰島素抗性以及高血壓。所以，加工肉品，尤其是用燒烤的，最好還是偶爾為之。

反式脂肪的真正問題

#脂肪酸、氫化植物油、膽固醇

2018年7月，讀者郭先生寄來電郵，重點摘錄如下：想請教您，有關人工部分氫化植物油所造成的反式脂肪酸在人體內氧化代謝問題。為何這類反式脂肪酸被說進入人體後不易或無法氧化代謝，也不易或無法排出體外，只進不出實在有點矛盾。

五十一天的謠言起源

「反式脂肪酸是否真的不易或無法排出體外」，的確是一個非常重要的問題。網路上有一大堆「反式脂肪不易排出體外」的文章和影片，例如TVBS在2015年11月的一篇新聞，標題是「漢堡反式脂肪多！人體得花五十一天才消化」[1]。

是不是看起來很科學？竟然精準到有確切的天數。同樣的，「中國數字科技館」在2015年11月的一篇文章，標題是「美國為何禁止反式脂肪酸」[2]。它說：「反式脂肪酸一旦進入身體就很難被代謝掉，有研究發現：天然脂肪被人體吸收後，大約七天左右能順利代謝並排出體外，而反式脂肪酸則需要五十一天才能夠被分解並排出體外。」

顯然，從以上兩篇報導可以看出「51 天」是一個關鍵的數據。所以，我就用「反式脂肪」（Trans fat）和 51 days 作為關鍵字搜索。哇！相關文章簡直無窮無盡，其中還有一大堆是出自所謂的「醫生」（Doctor，例如整骨師、自然療師和營養師）。

為了要尋找「51 天」的科學證據，我繼續用「網資發表時間」的功能做搜索，總算找到源頭。有位自稱「包伯醫生」（Dr. Bob）的人（本名 Robert DeMaria，整骨師）在 2005 年發表一本叫做《包伯醫生的反式脂肪指南：無脂、低脂和反式脂肪殘害你的理由》（Dr. Bob's Trans Fat Guide: Why No Fat, Low Fat, Trans Fat is killing You!）的書。在書裡的第三十和三十一頁有這麼一句話，翻譯如下：「當你吃了反式脂肪，你的身體需要五十一天來代謝和排除一半。在接下來的五十一天裡你的身體會再代謝和排除這剩下來的一半的一半。也就是說，在一百零二天之後，你所吃下的反式脂肪，還有四分之一留在體內。」

這聽起來像不像是放射性元素的「半衰期」，永遠是一半的一半，在這本書文案裡就有「反式脂肪的半衰期是五十一天」。

哇！反式脂肪的代謝真的是有半衰期？多麼了不起的發現。（奇怪，怎麼沒聽說有人因此而拿諾貝爾獎？）可是，我找遍整本書，就是找不到這個了不起的發現到底是出自何人何處。我不死心地繼續用 Trans fat、51 days 和 half life 搜尋，找到了這個 51 days half life 的「科學證據」。

這位「包伯醫生」是多產作家，共出了十五本書，而在 2011 年的《包伯醫生的男性健康：基礎篇》（Dr. Bob's Men's Health: The Basics）裡有這麼一句話：「藉由研究和經驗，我學習到反式脂肪的半衰期是五十一天」（Through research and experience, I have learned that the half-life of trans fat is 51 days）。

也就是說，這個「五十一天半衰期」是從他的「研究和經驗」學到的。那請問，他的「研究和經驗」有通過審核而發表在醫學期刊嗎？答案是沒有。他從未做過任何實驗研究，也從未發表過任何經過審核的論文。那，為什麼有這麼多人會相信一個憑空捏造出來的「五十一天半衰期」數據，包括 TVBS？實在是很可悲。有人為了賣書而製造偽科學，而有人為了賣廣告而來散播這類偽科學。

反式脂肪跟順式脂肪的代謝時間無異

那，什麼才是真科學？**真科學是，不論是消化或代謝，反式脂**

肪都無異於順式脂肪，這是通過同位素定量分析而得到的結論（請看附錄的參考資料[3]）。更細地說，不管是反式或順式，所有的脂肪都是在小腸中被分解成脂肪酸。然後，脂肪酸會被小腸吸收而穿過腸壁。從那裡，一些脂肪酸會通過肝門靜脈而進入肝臟，而其他脂肪酸（包括反式脂肪酸）則被包裝成乳糜微粒和脂蛋白（膽固醇）並通過淋巴系統進入血液。它們會被運輸到全身作為能源，如果沒有被用完，就會被儲存在脂肪組織。當反式脂肪酸被用作能源時，它們跟順式脂肪酸一樣會被分解為二氧化碳和水，然後排出體外。

反式脂肪之所以會危害健康，主要是因為它們會提升壞膽固醇（LDL）和降低好膽固醇（HDL）。至於為什麼會這樣，其生化機制是非常複雜難懂，所以我就不再浪費您的時間了。如果您有興趣深度了解反式脂肪的代謝和作用，請自行閱讀附錄提供的參考資料[3]。

林教授的科學養生筆記

- 反式脂肪較難排出體外是純粹謠言，不論是消化或代謝，反式脂肪都無異於順式脂肪。這是通過同位素定量分析而得到的結論
- 反式脂肪之所以會危害健康，主要是因為它們會提升壞膽固醇（LDL）和降低好膽固醇（HDL）

電視醫生，爭議不斷

#飽和脂肪、植物油、動物油、藤黃果、電視節目

BBC 節目的油品加熱實驗

讀者 Suprana 在 2019 年 2 月寄來電郵，節錄如下：無意間發現您的書後，非常高興有人以科學角度和數據來澄清似是而非的網路謠傳。有關食用油，之前看到 BBC 節目「相信我，我是醫生」（Trust me, I'm a Doctor）的食用油實驗。這個節目常跟英國大學合作，所以我還蠻相信其言論。這次實驗是請民眾將蔬菜油、冷壓油菜籽油、葵花油、特級初榨橄欖油、精緻橄欖油、奶油、鴨油等食用油與食物烹煮，再取其烹煮過後的油化驗。

另外大學方面也將相同的食用油加熱，但不跟食物烹煮只是純粹加熱。其結果發現這些含不飽和脂肪酸的蔬菜油在與食物烹煮過後都會產生大量容易致癌的醛類（aldehydes）氧化物質，反而是含飽和性脂肪酸的動物性油烹煮過後較不會產生這類致癌物，一般橄欖油（非特級初榨橄欖油）則介於其中。所以這篇結論是吃生菜沙拉可用蔬菜油，但烹煮不建議用蔬菜油，如果不想要用動物性脂肪烹煮反而建議用一般橄欖油。

此文的結論跟林教授的觀點有些小小出入，我想問的是，煙點跟致癌物質的關係，真的不能用蔬菜油烹煮嗎？真的需要用橄欖油或是動物油烹煮食物嗎？

醫生說的，也要懷疑

我很感謝讀者給我留面子，只說「有些小小出入」。但其實差別是大大的，甚至完全相反。因為，我曾經多次說過：**關於食用油，正規醫學機構都是建議使用植物性的，避開動物性的。動物性油（及椰子油），由於含有較高量的飽和脂肪酸，最好是偶爾為之。**

所以，我們來看看到底是怎麼回事。讀者提供的文章，標題為「哪種油最適合烹煮」[1]，發表在 BBC 節目「相信我，我是醫生」的網站。從節目的名稱可以知道，它認為因為是醫生說的，你就應該信任它。但醫生就不會犯錯，不會胡說八道？不管如何，這篇文章既無署名也無日期，英文更是錯誤百出，真讓我不敢相信出自英國，更不要說是出自英國廣播公司。

不管如何，文章中提到的馬丁・格魯特維爾德教授（Professor

Martin Grootveld），就是所謂的做了實驗發現飽和脂肪是最安全的那位教授。可是，我到公共醫學圖書館 PubMed 搜索，發現這位教授從沒有發表過這麼一個或類似的實驗。也就是說，這篇文章裡所說的實驗，到底有沒有發生過，無法查證。而縱然是發生過，它也從未被同僚或這方面的專家審核過。那這樣的實驗，可以信任嗎？

不管如何，這篇文章提到，這個將食用油加熱的實驗發現了兩個可能更危險的新醛類，這位教授會對這兩個新的醛類做進一步的分析。可是，根據我的追查，這篇文章及其電視節目是在 2015 年 7 月發表。也就是說，這個所謂的實驗，已經是三年半前的事了。那分析的結果在哪裡，如此重要的發現為何還沒有任何後續報導？

國際食品資訊協會：請不要將蔬菜油換成豬油

很不幸的，儘管毫無科學根據，這篇文章以及那集節目，在播出之後的幾個月內就被大量轉載及引用，造成很多人相信飽和脂肪是最安全，而蔬菜油是最不安全。

可悲的真相是，就算那個實驗真的曾經發生過，它也只不過是測試食用油裡的成分，而非真人真事的臨床試驗或調查。那，既然沒有真人的數據，這個電視節目怎麼就能信口開河地說「飽和脂肪比不飽和脂肪更健康」？要知道，**「不飽和脂肪比飽和脂肪更健康」**

的說法是建立在非常大量的臨床及動物研究上，而也就因為如此，所有大規模，有信譽的醫療機構，才會都是建議選用不飽和脂肪。

有鑑於這個電視節目被大量轉載及引用，「國際食品資訊協會」（IFIC）在節目播出後三個半月（2015 年 11 月）發表了文章，標題是「請不要將蔬菜油換成豬油」[2]。文中引用了兩位專家的話，告訴大家無需擔心食用油會有醛類過量的問題。它的結論是「避免植物油，而換成豬油及奶油，不會神奇地改善你的健康。享受並探索各種對心臟健康有益的脂肪，來達到健康和飲食風味之間的平衡」

請讀者一定要認清，電視醫療節目是被定位為「娛樂性」（綜藝節目）。如果您把它當成是醫療或健康而被誤導，那就是咎由自取。

奧茲醫生秀與藤黃果

最後，我想再說一些關於「電視醫生」的看法。奧茲醫生（Dr. Oz）在美國是家喻戶曉的電視醫生。他的電視節目「奧茲醫生秀」（The Dr. Oz Show）有非常高的收視率。

他在 2012 年說「藤黃果」及綠咖啡是奇蹟減肥藥。很快地，這類減肥藥就大賣特賣。但事實上，藤黃果是不是有減肥功效，目前科學研究是正反兩派都有。不過，因為有人服用後發生急性肝衰竭而需要換肝，所以美國 FDA 曾發出警告信函[3]。但是，又因為也有醫學報告說它沒有肝毒性，因此 FDA 也無法下令禁售。不管如何，有關藤黃果及綠咖啡的減肥藥，在美國已經風風雨雨地鬧了四、五年。有一個品牌因為被告，在 2016 年一月同意賠償及退款[4]。另外還有好幾個品牌也正在訴訟中。

這也惹來聯邦貿易委員會的調查，並在 2014 年提告。為此，奧茲醫生還被聯邦參議院宣召進殿接受質詢[5]。是不是很了不起？聯邦參議院可是美國最高層級的立法機構呢！奧茲醫生辯解說，他的節目並不是醫學節目（那是娛樂節目？）。也就是說，觀眾要把它當成醫療節目，聽了他的話而吃錯藥，那是他們咎由自取。

我在 2016 年 10 月到 doctoroz.com 節目網站瀏覽，看到一大堆減肥的資訊。但是，用藤黃果的英文 garcinia 搜尋的結果卻是零。也就是說，藤黃果這個減肥聖品奇蹟似地消失了。果不出所料，網站底部有這麼一則免責聲明：本網站僅用於資訊和娛樂目的，不能替代醫療建言、診斷或治療。所以，消費者真的是要分清楚，電視醫療節目是娛樂性的，千萬不要一廂情願地相信它們所提供的醫學資訊是正確的。

事實上，在 2014 年，《英國醫學期刊》（British Medical Journal，BMJ）很不尋常地發表了一篇針對奧茲醫生的研究報告[6]。該研究顯示，奧茲醫生所做的種種主張和聲言，有 39% 是沒有證據支持的，而有 15% 是與科學證據直接相抵觸。在 2015 年，有十位享有盛名的醫生寫信給哥倫比亞大學，要求校方將奧茲醫生解職（他是外科部副主任）。信上如此說道：「奧茲醫生一再蔑視科學和基於證據的醫學，一再誤導和置大眾於險境。最糟糕的是，他為了個人經濟利益而促銷庸醫治療，表現嚴重缺乏誠信」。對此，哥倫比亞大學的回應是，奧茲醫生有言論自由。

所以，總歸一句話，醫生在電視上所說的醫學意見，不管是真或假，都屬言論自由。有什麼後果，觀眾自行負責。

林教授的科學養生筆記

- 讀者一定要認清，電視醫療節目是被定位為「娛樂性」，請避免將其當成是醫療或健康而被誤導
- 「不飽和脂肪比飽和脂肪更健康」的說法是建立在非常大量的臨床及動物研究上，而也就因為如此，所有大規模、有信譽的醫療機構，才會都是建議選用不飽和脂肪

棕櫚油和芥菜籽油的謠言破解

#棕仁油、反式脂肪、心血管疾病、油棕、基改、致癌、芥酸

2017 年 2 月，讀者寄來一篇文章，標題是「歐食安局：棕櫚油高溫提煉，知名抹醬恐致癌」[1]，內容是：歐盟的食品管控機構發布消息，棕櫚油在攝氏二百度的高溫提煉過程中，會產生一種叫做「縮水甘油脂肪酸酯」的致癌物質。

棕櫚油是否有損健康，尚無定論

其實，這個消息已經是 2016 年 5 月的事，不知為何，近日來又被回鍋熱炒起來。例如，知名的醫療資訊網站 WebMD 就在上禮拜刊出文章，標題是「棕櫚油：備受攻擊的新脂肪」[2]。值得注意的是，WebMD 文章除了說棕櫚油可能致癌外，也提到它會增加心血管疾病的風險，以及棕櫚農場對原始森林的破壞及野生動物的迫害。有關致癌，歐盟所根據的資料是來自老鼠的實驗。至於是否會對人致癌，目前並無相關資料。

有關心血管疾病，主要是因為棕櫚油含有 50% 的飽和脂肪酸，而其中的棕櫚酸（Palmitic acid）更是惡名昭彰。事實上，有大量的研究說，棕櫚酸也會增加肥胖、糖尿病以及癌的風險。只不過，持相反意見的研究也很多。所以，棕櫚油是否有損健康，只能說是尚無定論。

至於棕櫚農場對自然環境的破壞，那就幾乎是無可爭議了。而也就因為如此，許多環保團體鼓吹抵制棕櫚油。但是，這已經是不可能的任務了。根據美國農業部的資料[3]，棕櫚油在世界食用油裡的佔有率是 34%，而第二名的黃豆油是 29%。價格方面，2016 年 12 月的數據顯示，棕櫚油一公噸是 745 美金，而黃豆油是在 784 到 907 美金之間（不同地區報價不同）。

還有，在反式脂肪被全面禁止後，由於棕櫚油的半固態特性（穩定性高，又可模擬奶油），它在食品工業的重要性，是與日俱增。也就是說，我們日後吃進棕櫚油的機會，只會增加不會減少。所以，在這種情況下，新聞報導棕櫚油可能致癌（或其他疾病），到底是要叫消費者何去何從？

補充說明：相對於棕櫚油是萃取自「油棕」（Oil palm，學名 Elaesis guineensis）果實的果肉，從油棕果仁（種子）所萃取的油，叫做「棕櫚仁油」或「棕仁油」（Palm kernel oil）。棕櫚油含有 50% 的飽和脂肪酸，棕仁油更含有 80% 的飽和脂肪酸，所以棕仁油可能對心血管更不利。不過，這仍有爭議。另外一種因為含有高量飽和脂肪酸（92%）而被評為不健康的植物油是椰子油，關於椰子油的炒作和爭議，可參考上一本書收錄的〈椰子油，從來就沒健康過〉。

「芥菜籽油有害」純屬謠言

講完了棕櫚油的爭議後，再來看另外一種也被汙名化的芥菜籽油。2016 年 7 月，內人給我看一個好友寄來的 Line，說「歐洲禁用芥菜籽油，要大家小心」。我跟她說，這種謠言已經在網路上流傳十年了，怎麼現在又熱門起來。她就把我的意見及我找到的網路資訊傳回去。

本以為這樣就可以無須浪費時間來寫相關的文章。可是，在週末同鄉的聚會，一位好友說，網路上正反兩派的說法都不可靠，因為它們都各有各的利害關係，大家要聽的是一個沒有利益衝突的中立意見。所以，我還是不得不「浪費時間」來寫這篇文章。

要了解為什麼芥菜籽油會被說成有害，需要一些背景資料。芥菜籽油的英文本來是 Rapeseed Oil。若照字面翻譯，就會變成「強姦種子油」，但 Rape 實際上是源自拉丁文 Rapum。Rapum 的英文是

Turnip，中文是「蕪菁」，台灣稱為芥頭菜或大頭菜。根據文獻記載，芥菜籽油在四千年前就已出現在印度，而在中國也有兩千年了[4]。但是因為它含高量的芥酸（erucic acid），所以味道很不好，只能作為工業用油或飼料。

1970年代，兩位加拿大的農業學家用選種技術，培育出一個低芥酸的芥菜新品種，芥菜籽油從此變身為食用油。因為Rapeseed實在不好聽，所以，這個芥菜新品種就被命名為Canola。Can是Canada的簡稱，ola則有兩種說法。一個說ola是低酸油（Oil-Low-Acid)的縮寫，另一個說ola就是oil。根據「加拿大芥菜議會（Canola Council of Canada），後者才是對的[5]。

不管如何，芥菜籽油自此成為加拿大的「國油」，而全世界各地區和國家所生產的芥菜籽油，也都是萃取自這個新品種。更有趣的是，歐盟是世界最大的生產區（加拿大排第二，中國排第三）。所以，「歐洲禁用芥菜籽油」的說法，當然是謠言無疑。如果說歐洲真的有禁用芥菜籽油，那所指的應該是基因改造的芥菜籽油。但這也不足為奇，因為歐盟禁止任何基因改造的食品。有一篇2014年的研究報告結論是，基改和非基改的Canola同樣的安全，同樣的營養[6]。至於其他基因改造的食品是否安全，就請看我的第一本書中收錄的文章，標題是「基因改造食品很安全」。總之，芥菜籽油有害純屬謠言，請不要再浪費時間傳播。

林教授的科學養生筆記

- 棕櫚油含有 50% 的飽和脂肪酸，其中的棕櫚酸更是惡名昭彰。有大量的研究說棕櫚酸會增加肥胖、糖尿病以及癌的風險，不過持相反意見的研究也很多。所以，棕櫚油是否有損健康，只能說是尚無定論。
- 棕櫚農場對自然環境的破壞很大，所以許多環保團體鼓吹抵制棕櫚油
- 「芥菜籽油有害」純屬謠言，請不要再浪費時間傳播
- 相對於棕櫚油的 50%，棕櫚仁油（80%) 和椰子油（92%）的飽和脂肪酸含量更高，也值得讀者注意

1-5 黑糖和甜菊糖的注意事項

#蔗糖、丙烯酰胺、糖尿病、致癌、代糖、甜菊糖

讀者 Ala Liu 在臉書上問我：想請問教授，這則新聞「黑糖奶超夯，醫：這些人不能喝」。因為我的家族有糖尿病遺傳，所以一直蠻注重減精緻糖（醣）這塊。不過最近冬令進補，家裡常煮一些黑糖薑母茶喝，是否應該留意？

黑糖，補還是毒？

讀者提供的文章發表在「今日頭條」，來源是三立新聞[1]，為了避免有所偏頗，我把全文拷貝如下：

黑糖在高溫提煉的過程中，會釋放有害物質，喝多了不但沒有比較健康，反而還會增加罹癌風險！近來掀起一股「黑糖熱」，凡是與黑糖扯上邊的飲品總是特別熱賣，因此部分店家也打出「每天現熬」、「職人手炒」等名號吸引顧客上門。不過高雄市立中醫院醫師黃宏庭卻表示，黑糖只是「炒焦的蔗糖」，雖有益氣、緩中、化食、消痰治嗽的效果，但仍是蔗糖的一種。

成大醫院家醫科醫師王姿允則說，雖然黑糖確實比其他糖多出礦物質等營養成分，但市面上有許多業者會用「養生、女性生理期必備」的字眼，讓消費者誤以為喝越多補越多，但事實上，黑糖屬於含丙烯醯胺類食物，像是糖尿病、肥胖、代謝症候群等胰島素相關疾病的民眾都不建議食用，一般民眾則建議一天不要攝取超過五十公克。

另外，腎臟科主治醫師方昱偉也表示，以一名體重六十公斤的成年人來說，每天服用一點二公克的丙烯醯胺，連續一個月就會生病；若依據市面上一杯七百毫升的黑糖飲料為例，每天喝一杯、連續喝一個半月，就可能會有神經、生殖毒性及致癌的疑慮，建議民眾還是少喝為妙。

醫學研究從未證實丙烯酰胺對人有致癌性

這則新聞共引用了三位醫師所言，可謂頗有分量，但其中兩位所說有關「丙烯醯胺」的部分，卻頗有問題。（丙烯醯胺的英文是 acrylamide，也翻作「丙烯酰胺」。我已在網站上發表了八篇與「丙烯酰胺」相關的文章）

第一個問題是，我查不到任何有關「黑糖屬於含丙烯醯胺類食物」的英文文獻，所以，我對「黑糖含丙烯醯胺」的說法，持保留態度。有關「黑糖含丙烯醯胺」的中文文獻，是在 2015 年 7 月首次出現。那是一篇發表在《康健》雜誌的報導，標題是「黑糖抽檢，全部測出致癌物質丙烯醯胺」。它聲稱《康健》雜誌抽檢了在台灣販售的十九包不同來源的黑糖，發現它們含有 30 至 2740ppb 之間的丙烯醯胺。報導也說：「許多動物實驗確定丙烯醯胺具生殖、神經、基因毒性，且致癌，實驗動物有食道癌、腦瘤、甲狀腺癌或腎臟癌等狀況，身體多處器官都受影響」。

可是，醫學研究從沒有證實丙烯酰胺對人有致癌性，更不用說引發上述所說的種種疾病。更何況，黑糖並不是拿來當食物或零食吃的，所以，縱然是真的含有丙烯酰胺，應當也會被稀釋到「無害」的程度。（補充：目前並不知什麼是對人有害的劑量）。事實上，一大堆被拿來當食物或零食吃的東西，例如麵包、薯條、油條等等，都含有更多的丙烯酰胺。那《康健》為什麼不報導這些民生食物也都很危險？（補充說明：咖啡也因為含有丙烯酰胺而被謠傳致癌，不過科學證據是支持咖啡抗癌的，請見上一本書收錄的〈咖啡致癌，純屬虛構〉）

那條三立新聞的第二個問題是，有位醫生說：「像是糖尿病、肥胖、代謝症候群等胰島素相關疾病的民眾都不建議食用」。可是，他的意思難道是，沒有胰島素相關疾病的民眾就可以食用？

三立新聞的第三個問題是，另一位醫生說：「就可能會有神經、生殖毒性及致癌的疑慮」。可是，這事實上就跟《康健》的那篇報導一樣，都是光說不練。想想看，雖然提出疑慮，可是，他們敢叫大家都不要吃麵包、薯條、油條等民生食物嗎？也就是，說了等於沒說。只是製造新聞，賺點廣告費而已，對於民眾的健康毫無幫助。

不過，我在搜索有關黑糖的資料時，也看到一大堆鼓吹吃黑糖的文章，說什麼黑糖可以調順月經、促進泌乳、美容祛斑、活絡血脈、利腸通便、補充能量、排毒、補血等等無奇不有的功效。要知道，黑糖畢竟還是蔗糖，而糖分的過度攝取是有害健康的。黑糖真正能夠提供的也只不過就是它的特殊風味，而不是什麼排毒或補血的胡扯功效。

總之，**對於含有黑糖的食物和飲料，我們應該擔心的不是丙烯酰胺，而是蔗糖本身。要知道，丙烯酰胺是沒有建議上限劑量，而蔗糖則有（每天男性為 37.5 克，女性為 25 克）。**

天然代糖甜葉菊，糖尿病福音？

剛剛講到攝取過多蔗糖會對健康有害，那如果是攝取零卡洛里的天然代糖呢？我們先來看讀者 Hami 的問題：關於代糖的負面研究，這篇提到的都是人工代糖（Aspartame、Acesulfame K、Sucralose），是否有關於天然代糖或是提出的病理機制同樣適用於天然代糖的研究呢？有看到一種說法是「甜菊糖苷」（Stevioside）沒有人工代糖影響血糖的副作用，想請問您的看法，感謝。

首先，我需要跟其他讀者解釋 Hami 所說的「關於代糖的負面研究，這篇提到都是人工代糖」，指的是什麼。那是因為，我在上一本書收錄的代糖文章裡有提到，一些近期的研究發現，代糖非但無法減肥或控制血糖，反而會增加肥胖和提高血糖，而就如 Hami 所說，這些研究的確都是針對人工代糖。所以，讀者是想知道，天然代糖對於血糖控制是否就無不良副作用。

讀者所提到的甜菊糖苷是甜葉菊（Stevia rebaudiana Bertoni）葉子裡的甜味成分之一。其他甜葉菊的甜味成分包括「萊鮑迪甙」（rebaudioside）、甜菊雙醣苷（steviolbioside）和異甜菊醇（isosteviol）。它們的甜度大致上是蔗糖的三百倍，而熱量（卡洛里）則是零。

那，既然擁有天然、零卡洛里、蔗糖的三百倍甜度，又是數百年的歷史……這麼多優點，甜葉菊代糖為什麼還沒有完全取代蔗糖呢？我在前文裡有提到，甜菊糖帶有苦澀的餘味，所以，要將其普及應用，還有待進一步釐清其苦味的緣由。

有研究發現甜菊糖不但會與甜味蕾結合，也會與苦味蕾結合[2]。

有一家叫做 Ingredion 的公司聲稱已發展出一個苦味較低的甜菊糖[3]。至於甜菊糖對血糖的影響，目前的研究結果，有中性的也有正面的，但沒有負面的，請看附錄參考資料[4]。可是，這些研究的規模及嚴謹程度都非常有限，所以，還不能高興得太早。

我在上一本書的代糖文章有提到，有關人工代糖的早期研究都是正面的，可是，後來卻全部被推翻了，所以天然代糖是否會重蹈覆轍，尚難預料。2018 年 3 月 28 日，紐約時報發表了一篇標題為「甜菊糖的反例」[5] 的文章，主要是說，絕大多數市面上的甜菊糖產品並非天然，而是合成的。它也引用一位加州大學舊金山分校的教授所言，勸大家應當減少糖的攝取，不管是真糖或代糖，不管是天然或合成。

林教授的科學養生筆記

- 丙烯酰胺是很常見的物質，在麵包、薯條、油條、咖啡等等中都有出現，而且醫學研究從沒有證實丙烯酰胺對人有致癌性
- 黑糖畢竟還是蔗糖，而糖分的過度攝取是有害健康的。黑糖真正能夠提供的也只不過就是它的特殊風味，而非養生功效
- 有關人工代糖的早期研究都是正面的，可是後來卻全部被推翻了。所以，天然代糖是否會重蹈覆轍，尚難預料
- 不管是真糖或代糖，不管是天然或合成，糖的攝取都應當減少

高糖是否導致失智症和胰腺癌？

#阿茲海默、糖尿病、癌症、中研院

讀者 Jerry 在 2019 年 2 月利用本網站的「與我聯絡」詢問：我想請問攝取糖分多寡與失智症之間的關係，有被醫學研究證實過嗎？因為家母失智情況日益嚴重，我長期觀察她與家父的飲食習慣，在於零食與糖分的攝取量有很大不同，家母幾乎所有零食與飲料都加糖；相反的，家父幾乎不吃零食，喝飲料時也只加少許糖。家母沒有糖尿病病史，但有長期高血壓，兩人年齡接近九十歲，只差一歲。我看過您失智症的分類文章，似乎沒有提過糖與失智症的關聯，想請教您的看法。

高糖飲食與失智症有關聯，但程度不高

大多數人一聽到「糖分攝取過量」或「吃太甜」就會聯想到肥胖和糖尿病，但很少人會想到失智。事實上，近二、三十年來，大

量的研究已經將「糖分攝取過量」跟非常多的疾病掛上鉤，而這其中甚至還包括心臟病和癌症。不過，糖與失智症真的有關聯嗎？

第一篇全面性探討這個問題的論文發表於 2010 年，標題是「果糖攝入量增加是失智的危險因素」[1]。它先說，在美國，每年每人攝取的糖分，從十九世紀初期的八公斤，增加到目前（2010）的六十五公斤。然後，它引用了一些動物實驗數據，來推理糖分攝取過多有可能會造成失智。不過，這篇論文發表之後不久就被批評為「誇張、缺乏令人信服的證據……」等等。

第一篇提出令人信服證據的論文是發表於 2017 年，標題是「社區含糖飲料攝入量和臨床前阿茲海默症」[2]。這項研究運用兩種方法來測量臨床前阿茲海默症的標誌。第一種方法叫做「神經心理學」，共測量了 4,276 人；第二種方法是「核磁共振顯影」，共測量了，3,846 人。結果發現：喝越多含糖飲料，大腦就越小，記憶就越差。

2018 年 7 月底在芝加哥舉行的「阿茲海默症協會國際會議」裡有兩篇報告是跟含糖飲料有關的。第一篇的標題是「社區多種族人群的含糖飲料消費和阿茲海默症的風險」[3]。這項研究共追踪 2,226 人長達七點二年。結果發現，糖攝取量最高的人比最低的人，得阿茲海默症的風險高出 33%。尤其是愛喝含糖可樂汽水的人，得阿茲海默症的風險更高出 47%。

另一篇報告的標題是「妊娠期高糖飲食促進阿茲海默症表型，

觸發代謝功能障礙，並縮短 3XTG 後代的生命」[4]。這項研究是用 3XTG 品種的老鼠做實驗，結果發現，懷孕期間過量攝取糖分會導致後代罹患阿茲海默症。

2019 年 1 月，頂尖醫學期刊《柳葉刀》（Lancet）發表了一篇大型的分析報告，標題是「1990–2016 年全球，區域和國家為阿茲海默症和其他失智症的負擔：對 2016 年全球疾病負擔研究的系統分析」[5]。這項研究分析了 1990 到 2016 年期間，全球、區域和國家為阿茲海默症和其他失智症所承受的負擔。它也分析了肥胖、高血糖、吸菸和高糖飲料這四個風險因子，對造成失智症應當承擔責任的百分比。結果發現，高糖飲料大約要承擔 0.07%。也就是說，與肥胖、高血糖或吸煙相比，高糖飲料所應承擔的責任是很低。

綜上所述，高糖飲食是與失智症有關聯，但其程度不高。

「高糖是胰腺癌發生原因」的誤解

發表前文後，讀者 Jerry 回應：「中研院研究證實：高糖是胰腺癌發生原因」。讀者說的是一篇 2019 年 3 月 8 日發表在元氣網的文章，標題就是「中研院研究證實：高糖是胰腺癌發生原因」[6]。我在看完該篇文章以及其所引用的研究報告後，曾考慮要撰文予以批評。但後來又想：「啊，何必掃人家的興，就讓台灣同胞們享受沉浸在這台灣之光的快感吧。」所以，我就只在回應欄裡寫了這麼一句話：「非常不幸的誇大。這項研究是在培養的細胞進行，連動物實驗都還沒做，離人體試驗更是還差十萬八千里。」

可是呢，在 2019 年 4 月 13 日，在我的誠品敦南店新書發表會上，又有一位聽眾問我關於元氣網的這篇文章，其他幾位聽眾也同表關切。所以，我這才決定寫這篇文章，詳細回答讀者的問題。首先，我將元氣網文章裡的重點列舉如下：

1. 過去已知八成的胰腺癌與糖尿病相關，但不知誰因誰果，不過國內最新研究證實糖代謝異常是致癌原因，高糖將增加蛋白質糖化，影響胰臟細胞的 DNA 修補，導致基因突變與細胞癌化。

2. 昨日剛刊登於國際期刊《細胞代謝》（Cell Metabolism）的研究一解長期以來胰腺癌與糖尿病間因果關係之謎，由中研院……

3. 不過實驗中看見，高糖高脂飲食只會影響胰臟，不會影響其他器官癌化。

我想，普羅大眾在看了這篇元氣網文章的標題以及上面所列舉的重點後，難免就會認為中研院團隊已經「證實」高糖飲食會導致胰腺癌。但事實是，這項研究根本就沒有測試高糖飲食是否會導致胰腺癌，更不用說證實了。

這篇元氣網文章是誤將「含高濃度葡萄糖的細胞培養液」當成「高糖飲食」，又把「培養的胰腺細胞」當成是「人」，所以才會導致普羅大眾誤以為高糖飲食會導致胰腺癌。

事實上，這項研究只是提供了一個解釋糖尿病患為何會有較高罹患胰腺癌風險的證據，而不是在說一般人（非糖尿病患）如果攝取過多的蔗糖就較容易得到胰腺癌。也就是說，這項研究與標題所說的「高糖是胰腺癌發生原因」，是毫不相干的。很抱歉，台灣之光。我也是逼不得已，才會稍稍擋了一下您的光芒。

林教授的科學養生筆記

- 1990 到 2016 年期間的失智症研究分析表明：與肥胖、高血糖或吸菸相比，高糖飲料所應承擔的責任很低。所以，高糖飲食是與失智症有關聯，但其程度不高
- 2019 年中研院的研究只是提供了一個解釋糖尿病患為何會有較高罹患胰腺癌風險的證據，而不是在說一般人（非糖尿病患）如果攝取過多的蔗糖就較容易得到胰腺癌

高果糖玉米糖漿的安全分析

HFCS、果糖、蔗糖、玉米澱粉

2017 年 1 月，讀者寄來一封標題為「玉米糖漿」的電郵，附上的文章標題是「遠離含高果糖玉米糖漿 HFCS 產品的五個原因」，文章是一位台灣醫師「寫」的，提供「高果糖玉米糖漿」對健康有害的科學資訊。為什麼我把「寫」框起來呢？因為該文章是一字不漏地翻譯自一篇馬克・海曼醫生（Dr. Mark Hyman）寫的「高果糖玉米糖漿會殺害你的五個理由」[1]，但卻沒有註明此一文章的原始出處。諷刺的是，此一文章的下面還註明「網站內容均被保護，引用複製需經同意」。

同一位讀者在一個禮拜前就曾寄來一封標題為「甜蜜的滋味，苦澀的真相」的電郵，內容是一位台灣醫師演講的影片，主題是「果糖對健康的危害」[2]。這位年輕醫師講得非常好，只可惜，演講的內容並非自創，而是翻譯自羅伯特・路斯迪格醫生（Robert H. Lustig, M.D.）的影片「糖：苦澀的真相」[3]。這位台灣醫師的影片在 2016

年 11 月上傳，截至 2019 年 4 月，已超過兩百萬次點擊，而路斯迪格醫生的影片點擊更是超過八百萬次。

由此可見，很多人對果糖這個議題有興趣。果糖是我們經常攝取的自然醣類中，甜度最高的，甜度指數是 1.7。蜂蜜、蔗糖和葡萄糖的甜度指數則分別為 1.1、1 和 0.75。果糖和葡萄糖都是單醣，可以在腸道中直接吸收，進入血液。蔗糖則是由果糖和葡萄糖結合而成的雙醣，需要在腸道被酶分解成單醣，才能被吸收。蔗糖是人類使用最久（二千五百年），也是最重要的醣類。

高果糖玉米糖漿的盛行與爭議

可是，近四十年來，在美國的食品及飲料工業，蔗糖幾乎已完全被「高果糖玉米糖漿」（High-fructose corn syrup，HFCS）所取代。之所以如此，是因為「高果糖玉米糖漿」比蔗糖便宜，比較便宜是因為美國政府為了要擺脫對進口蔗糖的依賴，以及增加國人的就業機會，而採取種種優惠措施，鼓勵國內生產高果糖玉米糖漿（因為美國是玉米大國）。

高果糖玉米糖漿的製作是將玉米澱粉（即料理用的芡粉），通過一系列的生化反應，先將澱粉完全轉化為葡萄糖，再將葡萄糖局部轉化為果糖。高果糖玉米糖漿分為「42 果糖」和「55 果糖」兩種。

「42 果糖」含有 42% 的果糖，「55 果糖」則含有 55% 的果糖，其餘則為葡萄糖。

也就因為高果糖玉米糖漿幾乎是含有 50% 果糖和 50% 葡萄糖的關係，它被生產商聲稱為與蔗糖幾乎無異。但是，營養學界及醫學界裡，卻有極力反對的聲音。他們認為高果糖玉米糖漿裡的果糖是游離的（即單醣），而游離的果糖會造成脂肪肝、腰圍肥胖、糖尿病、心臟病等等新陳代謝的疾病。因為如此，網路上幾乎是一面倒地反對高果糖玉米糖漿，尤其是海曼醫生寫的那篇「高果糖玉米糖漿會殺害你的五個理由」，更是說高果糖玉米糖漿會致命。

FDA：沒有充分證據顯示高果糖玉米糖漿更危險

我在上一本書的〈牛奶致病的真相〉這篇文章裡，就提過海曼醫生這個人，他從沒有發表過任何正式的（醫學期刊的）研究報告。但是，他在自己的網站裡發表了許多與健康有關的文章，這些文章都屬於語不驚人誓不休，也就是將三分證據硬說成十分。

我自己看了數十篇有關高果糖玉米糖漿的論文。這些論文絕大多數是認為，沒有充分的證據說高果糖玉米糖漿比蔗糖，更容易引發新陳代謝疾病。美國 FDA 也發表專文說：「沒有充分的證據顯示高果糖玉米糖漿比蔗糖更危險。」[4]

看到這裡，讀者們也許會認為我是在鼓勵大家多吃糖，但事實並非如此。我只是要說，有關高果糖玉米糖漿比蔗糖更危險的說法，並沒有確切的科學證據。至於糖的攝取，不管是「高果糖玉米糖漿」還是蔗糖，我都建議要以低量為目標。

林教授的科學養生筆記

- 近四十年來，在美國的食品及飲料工業，蔗糖幾乎已完全被「高果糖玉米糖漿」所取代。之所以如此，是因為它比蔗糖便宜
- 高果糖玉米糖漿的論文，絕大多數認為沒有充分的證據說它比蔗糖更容易引發新陳代謝疾病。但，不管是「高果糖玉米糖漿」還是蔗糖，都建議以低量為目標

1-8 果糖、純果汁與水果的利弊分析

#膽固醇、葡萄糖、水果、飯前飯後

2018 年 10 月，讀者許先生利用本網站的「與我聯絡」詢問：請問果糖（純果汁中含果糖）是否可能誘發肝製造更多低密度脂蛋白膽固醇？感激大作幫助弟解決許多疑惑。

果糖，是敵是友？

有關果糖，我已經發表過許多文章，可是儘管花了很多時間研讀有關果糖的文章，到現在，我還是對果糖的敵友身份感到極為困惑。大家不都是在追求天然，那果糖不是天然嗎？水果攤不都是在大聲叫嚷「西瓜甜、鳳梨甜」嗎？那，越甜不就是果糖越多嗎？還有，果糖和葡萄糖既然是蔗糖生出來的雙胞胎，為什麼葡萄糖是維持我們生命所必需的，果糖則是禍害呢？

有關果糖的科學報告多達四萬多篇，而標題裡帶有「果糖」

（Fructose）的臨床試驗就有兩百八十三篇，標題裡帶有果糖的綜述論文也有三百六十篇。光是看下面這三篇近期綜述論文的標題，您應當就可以猜得出，果糖是被批評得如何不堪。這三篇的名稱分別是：2019 年「果糖在代謝綜合徵和肥胖流行病的十字路口」[1]、2018 年「果糖和糖：非酒精性脂肪肝病的主要中介者」[2]、2017 年「果糖食用、脂肪生成和非酒精性脂肪肝病」[3]。

所以，讀者許先生所問的「果糖是否可能誘發肝製造更多 LDL」，答案是「可能」。但是，有一篇 2016 年的研究報告說，在「正常」情況（即不過分攝取），果糖不會增加代謝綜合徵或心血管疾病的風險[4]。

純果汁的利與弊

另一個「但是」是，許先生的問題裡有提到「純果汁」，所以這也需要澄清一下。純果汁這個東西其實蠻複雜的，是自己打的還是買來的？是有帶渣還是沒帶渣？是一種水果還是多種水果？是很甜的水果還是不甜的水果？是一大杯，還是一小杯⋯⋯這些因素都會影響到「純果汁」的利弊。

原則上，選自己打的、帶渣、不很甜、小杯，如此就不用太擔心會攝取過量的果糖。但話又說回來，更大的原則是：選吃完整的果子，而不是打成汁的。完整的果子有「需要咀嚼、富含纖維、飽足感、吸收緩慢」等等特性，所以不太可能會有果糖過量的問題。眾所皆知，水果對健康有益。但是，下面這五篇論文，就都認為果汁對健康有害：

一、2006 年論文，標題是「果汁攝取預測低收入家庭孩童肥胖增加：環境狀態互動與體重」[5]。

二、2008 年論文，標題是「水果、蔬菜和果汁的攝取對於女性糖尿病的風險」[6]。

三、2010 年論文，標題是「攝取無酒精飲料與果汁對於醫生測量二型糖尿病風險事件：新加坡華裔的健康研究」[7]。

四、2012 年論文，標題「去除百分百純果汁降低孩童肥胖」[8]。

五、2013 年論文，標題是「水果攝取與二型糖尿病的風險：三個預期縱慣性群體研究的結果」[9]。

總之，雖然**果糖的大量攝取對健康不利，但水果的適量攝取，絕對是對健康有利**。所以，果糖帶給我的困惑，就把它解釋成是老天為了防止我們過度放縱所做的安排吧。

水果，飯前飯後吃都可以

講完了果糖和果汁，再來講講一個水果的普遍迷思，那就是到底是飯前吃對身體較好，還是飯後。大概在十多年前，一位至親就跟我說：「水果一定要在飯前吃，否則……」。我當時笑笑帶過，尊重她的選擇。這麼多年來，在電視和網路裡，還是可以常常看到許多名嘴和專家在談這個問題。

只不過，物極必反，現在也有所謂的飲食專家反過來說，水果在飯後吃才是正確。不管是飯前還是飯後，對我來說，都沒有對錯。所以，我從來就沒有發表過意見。

但是，2017 年 1 月，有位讀者傳來簡訊，希望聽我的意見，所以我就不得不也來湊這個熱鬧。上網一看，中英文章琳瑯滿目，讓人啼笑皆非，那些「科學」理由，什麼細菌、腐敗、脹氣、血糖等等，令我不得不佩服這些作者的豐富想像力。還好，在這一片渾沌裡，偶爾也能看到幾篇正確的資訊。而其中最好的應屬這篇文章，標題是「空洞的承諾：水果必須空腹吃才能被身體適當地吸收嗎？」[10]。

我把這些正確的資訊，大致整理如下：「水果要在飯前吃」這個說法的源頭，是一篇發表於 1998 年的文章，作者名叫德瓦吉・珊馬甘（Devagi Sanmugam），是印度裔的新加坡女廚師[11]。也就是說，一位廚師十九年前創造出來的「理論」，現在竟然成為很多人奉行的養生之道。

這篇文章裡有提到赫伯特・謝爾頓（Herbert Shelton），其用意顯然是要借助此人的名氣，來加重說話的分量。

赫伯特・謝爾頓是「自然療法」，也叫「另類醫學」（Alternative Medicine）的創始人。他一生中一再因為無照行醫被拘捕入獄。他所倡導的飲食療法，是基於哲學，而非科學。不管如何，德瓦吉所寫的文章，在這近二十年來，由於不斷有人加油添醋，才會演變成目前網路上數不清的不同版本。

為了要確定是否有「飯前還是飯後吃水果」相關科學研究的，我到 PubMed 公共圖書館，用好幾個不同的關鍵字搜索，結果徒勞無功。也就是說，不管是提倡飯前，還是鼓吹飯後，沒有任何一個人講的是有科學根據的。

我在文章的開頭就先講，不管是飯前還是飯後，對我來說，都沒有錯，也沒有對，因為我早已認知飲食習慣不同，並不影響健康。例如，在台灣的飲食習慣，通常是最後才喝湯，可是在美國的中餐館，一定是先喝湯（西餐館也是先喝湯，只不過是濃湯）。

為什麼美國的中餐館先喝湯？我想，應當是受廣東飲食的影響。至於為什麼廣東人先喝湯，有各種說法，莫衷一是。還有，台灣人大多也是先吃熱的再吃涼的，可是，美國人卻是先吃生菜沙拉。

也就是說，不管是什麼先後順序，都只是生活習慣的不同，沒有所謂的對錯。如果你覺得先吃水果比較好，那就先吃；如果你覺得後吃較舒服，那就後吃；你也可以今天先吃水果，明天改成後吃水果。只要是分量適當，感覺舒服，就是正確的選擇。

林教授的科學養生筆記

- 選擇純果汁的原則：自己打的、帶渣、不很甜、小杯，如此就不用太擔心會攝取過量的果糖；更大的原則是：選吃完整的果子，而不是打成汁的。完整的果子有「需要咀嚼、富含纖維、飽足感、吸收緩慢」等等特性，所以不太可能會有果糖過量的問題
- 雖然果糖的大量攝取對健康不利，但水果的適量攝取，絕對是對健康有利
- 醫學文獻中，並沒有關於水果進食順序的研究。進食的先後順序，只是生活習慣的不同，沒有所謂的對錯

酒的不良影響

#臉紅、甲醛、乙醛、一級致癌物、漢族、解酒法

同鄉聚餐總是會喝點紅酒助興，但有幾位哥兒們才喝一點，就滿臉通紅。朋友就問我原因和喝酒臉紅到底是好還是壞。這兩個問題，如果您想要聽準確的答案，就需要有點耐心。

紅臉族，台灣第一

喝酒臉紅是亞洲人特有的，所以英文叫做「亞洲臉紅」（Asian Flush）。所謂亞洲人，指的是漢族後裔，包括中國人、韓國人、日本人及台灣人。而台灣人喝酒會臉紅的比例是……噹噹噹，世界第一。

酒精（乙醇）由腸壁吸收後，到肝臟進行轉化和分解。第一步是轉化成乙醛，再轉化成乙酸，最後分解成水和二氧化碳，排出體外。轉化成乙醛靠的是乙醇脫氫酶（ADH），而轉化成乙酸靠的是乙醛脫氫酶（ALDH）。乙醛具有擴張毛細血管的作用，所以容易臉紅的人，是因為他有超強的 ADH，而能很快地把乙醇轉化成乙醛，但卻有無能的 ALDH，而無法把乙醛轉化成乙酸。

超強的 ADH 及無能的 ALDH，兩者都是遺傳的毛病。而無能的 ALDH 是亞洲人特有，且扮演著與健康關係非常密切的關鍵角色。**漢族人大約有三分之一帶有無能的 ALDH 基因，而台灣漢族人（閩南人）更是高達 47%，世界第一。**

那你說，臉紅有什麼不好？一點都沒有。臉紅本身沒有什麼不好。但問題是出在你看不到的，那就是，乙醛被「國際癌症研究機構」（IARC）定位為一級的致癌物。

史丹福大學的資深研究員陳哲宏，在 2015 年的一個會議裡說，每天喝兩杯紅酒的台灣人，得食道癌的機率增高五十倍。除了增加致癌機率外，乙醛及無能的 ALDH 還有許許多多數不清的壞處。有興趣的讀者可參考陳哲宏他們實驗室的這篇論文[1]。

但是，乙醛有個好處，因為它會引起頭痛、心悸、嘔吐、宿醉等等，喝酒之後的痛苦，帶有超強 ADH 或無能 ALDH 的人比較不會形成酒癮[2]。所以，相較於西方人，亞洲人變成酒鬼的就少得多。無論如何，乙醛的壞處絕對超過它的好處，所以，不管是舊金山灣區的同鄉，還是台灣的老鄉，喝酒還是適可而止。

驚人發現，喝酒＋微胖更長命？

2018 年 10 月讀者 Doraemon 寄來電郵：林教授您好，長期關注您的網站，日前看到「喝酒比運動好？美研究曝驚人發現「喝酒＋微胖更長命」[3] 這篇文章，覺得這結果滿顛覆的，另外看到有人貼這篇文章「洛約拉研究人員說，酒精研究背後的科學似乎是不確定的」，說已被打臉，不知道誰說的是對的，想請您解答，謝謝。

讀者寄來的是一篇 TVBS 的報導，我把第一段引述如下：

多喝酒有益身體健康？現代許多人注重健康和養生，希望能活得更長壽、更健康，甚至覺得戒酒才對身體比較好。美國近期有研究卻指出，喝酒的人比運動的更長壽，微胖的人比體重標準或略輕的活得更久，打破不少人的既定印象！

好，這個所謂的研究，是在 2018 年 2 月 17 日舉行的一個會議裡被發佈出來的。但是，直到 2018 年 11 月，它還是沒有被正式發表在醫學期刊裡。儘管如此，在會議的隔天，各大英文媒體就大肆炒作，說喝酒可以讓你活到超過九十歲。

這種炒作當然是很快就煙消雲散，再也沒有人把它當一回事。不管如何，所謂的「喝酒的人比運動的更長壽」，純粹只是用問卷調查而得到的一些相關性數據，根本沒有任何因果關係。更何況，那個發布消息的研究人員自己也說，她的數據只供參考，不要過度解讀，畢竟她所調查的人也只能是活人，至於那些因飲酒過量而死去的人，她是無法調查得到，所以也就沒有數據。

我已經提過：**酒精對漢人（尤其是台灣人）更是一級致癌物。**至於讀者所提供的第二篇文章，發表於 2018 年 3 月 21 號，標題是「洛約拉研究人員說，酒精研究背後的科學似乎是不確定的」[4]。它是引用幾位在洛約拉大學從事酒精研究的人，對那個「喝酒的人比運動的更長壽」的研究，提出質疑。文章的最後更引用了洛約拉大學骨科副教授約翰・卡利西（John Callici）的話：「沒有任何醫生會建議人們選擇飲酒，而不是適度的運動」。所以，您現在應當知道，什麼才是真正的「驚人發現」了吧。

避免酒精中毒和解酒法

不管如何，乙醇中毒或乙醛中毒，之所以會發生，都是因為「進的比出的多」。也就是，酒精進入身體的速度超過其被分解排出的速度。所以，要避免乙醇中毒或乙醛中毒，唯一的辦法就是要讓「進的不超過出的」。

空腹的時候，酒精很快就會進入小腸。而由於小腸表面有大量的絨毛，會很快地將酒精吸收進入血液。所以，**要讓「進的不超過出的」，首要之務就是要避免空腹飲酒。**

還有，**喝酒之後如感到頭暈，就稍作休息，喝點冰水（低溫會抑制小腸吸收，水會稀釋酒精）、吃點食物（尤其是油脂類，可延緩酒精從胃裡進入小腸）。也就是說，一定要給身體充分的時間將酒精分解排出。**

喝酒，除了品嚐酒的風味之外，就是交友談天，不應還有別的原因。尤其是拚酒逞英雄，那是最傻的。沒有人會因為某某人能拼而敬重他。相反地，可能還會暗笑。

因為我大表哥是西藥代理商，所以我小時候常看到他招待的醫生們在宴席裡拚酒，但近幾年我回台參加醫學會，再也沒看到有醫生在宴席裡拼酒。所以，拚酒的文化是可以改的。小酒怡情，大酒傷身，如果容易臉紅或臉白，淺嚐就好。

補充說明：還有一種說喝酒對身體有益的理論是因為紅酒含有抗氧化劑白藜蘆醇，關於此點，請參考本書第152頁的〈法國悖論，仍無定論〉。

林教授的科學養生筆記

- 酒精對漢人（尤其是台灣人）是一級致癌物。乙醛的壞處絕對超過它的好處，所以喝酒還是適可而止
- 所謂的「喝酒的人比運動的更長壽」，純粹只是用問卷調查而得到的一些相關性數據，根本沒有任何因果關係
- 乙醇中毒或乙醛中毒，是因為酒精進入身體的速度超過其被分解排出的速度，避免空腹飲酒就是首要之務
- 喝酒若頭暈，就稍作休息，喝點冰水（低溫會抑制小腸吸收，水會稀釋酒精）、吃點食物（尤其是油脂類，可延緩酒精從胃裡進入小腸），給身體充分的時間將酒精分解排出。

1-10

咖啡因的疑慮，科學證據

#骨質疏鬆、心律不整、茶、咖啡、鈣

咖啡和茶，可能是世界現在最受歡迎的飲料，所以關於這兩者的健康疑問當然也特別多。我曾寫過多篇文章澄清，說目前的科學證據是：喝茶的好處是確定的（減肥、降低心血管、降低癌等），而壞處（導致便秘、缺鈣、貧血）是不確定的。咖啡也是如此，其致癌的疑慮是出於法律操弄，反過來說，目前科學證據是：喝咖啡的頻率與所有部位的癌症死亡率成反比（收錄上一本書的〈茶的謠言，一次說清〉〈咖啡不會致癌，而是抗癌〉）。不過讀者對於咖啡因還是有很多疑慮，以下是最近兩則讀者的提問和我的回答，分別是針對咖啡因對於心律不整和骨質疏鬆的疑慮。

心律不整能喝咖啡和茶嗎？

Amy Hsu 在 2019 年 4 月問我有心律不整是否不能喝咖啡和茶，

以下是我查詢了資料之後的回答。

有些人喝了咖啡或茶之後心跳會加速，所以患有心律不整的人當然就更擔心。而有些媒體還說咖啡或茶會造成心率不整，甚至會猝死，例如 2016 年 5 月 31 日的蘋果日報的報導「喝慣茶和咖啡，小心心律不整找上門」[1]，還有 2018 年 5 月 2 號 TVBS 的報導「咖啡喝過量，當心心律不整釀猝死！」[2]。但是，這種說法是有科學根據嗎？我們來看這三十年來的相關醫學論文：

一、1990 年論文結論[3]：在那些患有臨床心室性心律不整的患者中，咖啡因沒有顯著改變心律不整的誘導能力或嚴重程度。

二、1991 年論文結論[4]：適度攝入咖啡因不會增加正常人、缺血性心臟病患者，或預先存在嚴重心室異位症患者的心律不整的頻率或嚴重程度。

三、1996 年論文結論[5]：對於有症狀的特發性心室性早搏患者，咖啡因限制沒有作用。

四、2005 年論文結論[6]：攝入咖啡因與心房纖顫或顫動的風險無關。

五、2010 年論文結論[7]：在這個最初健康的女性群體中，咖啡因攝入量的增加與事件性心房顫動的風險增加無關。 因此，我們的數據表明，咖啡因攝入量的增加並不會增加人群中心房顫動的負擔。

六、2011 年論文結論[8]：在大多數已知或疑似心律不整的患者中，中等劑量的咖啡因耐受性良好，因此沒有理由限制攝入咖啡因。

七、2011 年論文結論[9]：咖啡和咖啡因攝入與心律不整住院治療的反向關係，表明攝入適量的咖啡因不太可能會增加心律不整的風險。

八、2013 年論文結論[10]：咖啡因與心房顫動風險增加無關。低劑量咖啡因可能具有保護作用。

九、2014 年論文結論[11]：咖啡因不太可能導致或促成心房顫動。習慣性攝入咖啡因可能會降低心房顫動風險。

十、2014 年論文結論[12]：適量攝入咖啡因沒有對心臟傳導有顯著影響，也沒有對心室上性心動過速誘導或更快速誘發的心動過速的影響。

十一、2016 年論文結論[13]：人類介入研究未顯示咖啡因攝入對心室性早搏發生有顯著的影響。

十二、2018 年論文結論[14]：儘管缺乏證據支持，許多臨床醫生要心律不整的患者避免含咖啡因的飲料，特別是咖啡。如果在個別情況下，心律不整發作與咖啡因攝入之間存在明顯的時間關聯，則避免是明智的。大規模基於人群的研究和隨機對照試驗表明，咖啡和茶是安全的，甚至可以降低心律不整的發生率。定期每天攝入高達三百毫克似乎是安全的，甚至可以預防心律不整。

從以上這些論文我們可以很明顯看出，**咖啡和茶非但不會造成或加劇心率不整，反而可能會降低其發生的機率**。當然，這些研究都是針對整體族群的，所以無法排除咖啡或茶會對個人有不良影響的可能性。基於這個考量，我的建議是，如果咖啡或茶讓您感覺身體不適（不管是心跳加速或其他症狀），那就不要喝。

茶和咖啡會造成骨質疏鬆？

讀者王先生在2018年12月詢問我茶喝太多（咖啡因攝取過多）是否會造成骨質疏鬆。由於我之前已經討論過這個問題，所以將文章寄給王先生。一個多小時後，王先生回覆：其實這篇我有看過了，也把林教授的文給家裡人看，但家裡人還是懷著質疑的態度。老實說，我喝茶也喝好幾年了，每次上網查詢幾乎都是千篇一律的答案（說咖啡因會造成骨質疏鬆）。搞得我每天都被家裡人恐嚇，但我還是照喝。我在大型醫院擔任臨時人員，也問過醫院裡的營養師，得到的還是千篇一律的答案，所以很失望。

我上一本書的文章〈茶的謠言，一次說清〉中提過，有位營養師說長期喝茶會造成便秘、骨質疏鬆和貧血。然後，我引用大量科學文獻予以駁斥。幾個月後又在華視新聞看到另一位營養師說長期喝茶會造成便秘、骨質疏鬆和貧血，所以發表文章駁斥說：「這些營養師應當花點功夫看醫學報告，而不是只會道聽途說」。

但很顯然，王先生的家人是寧可相信營養師的道聽途說，也不願意相信我提供的科學證據。不管如何，我在文章有說，關於喝茶是否會降低鈣質的吸收，目前只有兩篇研究報告。一篇發表於 2012 年的研究發現，喝茶完全不影響鈣質的吸收[15]。另一篇發表於 2013 年的一篇老鼠模型研究中發現，茶可能可以幫助停經後的婦女吸收鈣[16]。所以，喝茶不但不會降低鈣質的吸收，甚至還可能會促進鈣質的吸收。

在看到王先生的回覆之後，我決定再搜索咖啡因和骨質疏鬆是否有關聯性的相關文獻。結果我找到 1990 年到 2017 年共十二篇的臨床報告[17]，我把它們分類如下：

1. 認為茶或咖啡對骨頭可能有負面影響的：1991 年、2017 年
2. 認為茶或咖啡對骨頭可能有正面影響的：2000 年、2007 年
3. 認為茶或咖啡對骨頭沒有影響的：1996 年、1998 年、2008 年、2013 年
4. 認為只有在大量飲用咖啡時才可能會對骨頭有負面影響的：1990 年、1992 年，1994 年、2006 年（咖啡的咖啡因含量約是茶的三倍）

由此可見，就論文的篇數而言，茶或咖啡對骨頭的影響基本上是正反兩面不分勝負。但不管是正面或負面，所謂的影響也只不過就是「關聯性」，而非什麼「造成」。這一點是很重要，但大部分人往往搞不清楚。

最後，我要特別介紹 2017 年那篇論文，除了它出自台灣，更重要的是，因為它說咖啡因是已知骨質疏鬆症的風險因子，而它所引用的兩篇論文是 1991 年及 2007 年。那，我請讀者看看 2007 年那一篇的標題，「飲茶與老年婦女骨密度的益處有關」（Tea drinking is associated with benefits on bone density in older women）。所以，那篇出自台灣的論文是引用一篇咖啡因對骨頭有益的論文，來支持它說咖啡因對骨頭有害。這樣的論文還值得相信嗎？

林教授的科學養生筆記

- 針對整體族群而言，咖啡和茶非但不會造成或加劇心率不整，反而可能會降低其發生的機率。不過，無法排除咖啡或茶會對個人有不良影響的可能性，所以如果咖啡或茶讓您感覺身體不適，那就不要喝。
- 目前，就論文的篇數而言，茶或咖啡對骨頭的影響基本上是正反兩面不分勝負。但不管是正面或負面，所謂的影響也只不過就是「關聯性」，而非「造成」

口腔衛生確實影響全身健康

#牙周病、大腸癌、胰臟癌、中風、類風濕性關節炎

癌症有數百種，但是由細菌引起的並不多見，最有名的莫過於幽門桿菌引發的胃癌。幽門桿菌生長在胃裡，所以它會引發胃癌，還算可以理解。但是，你能想像，口腔裡的細菌竟然會跟大腸癌及胰腺癌扯上關係嗎？

有牙周病的人比較容易得大腸癌和胰腺癌

人的口腔估計含有數百種細菌，而它們的總數可以高達數百億，儘管數字龐大，它們通常與我們是相安無事。可是，有一種口腔裡常見的細菌「具核梭桿菌」（Fusobacterium nucleatum），在經過五年的研究後，已經可以確定，它與大腸癌的發生有密切的關係。

發現「具核梭桿菌」與大腸癌有關的研究首次發表於 2012 年[1]，而到目前，相關的研究報告已有四十幾篇。而這些新的研究，除了進一步證實之外，也逐漸讓我們了解，這個口腔細菌是如何助長大腸癌的發生與轉移。

在 2016 年的一篇研究裡，具核梭桿菌被注射進入老鼠的靜脈後，會大量地集中到大腸的癌腫瘤[2]。因此，可以推斷在人的情況，這個細菌可能是在侵入口腔的傷口後，進入血液循環，最後到達大腸，從而助長大腸癌的發生。

另外，近年來許多研究已發現，有牙周病的人比較容易得胰腺癌，不過一直不知道原因[3]。在 2016 年 4 月的一個癌症學術會議裡，有一篇報告說，有兩種比較不常見的口腔細菌，會增加胰腺癌的罹患率。這兩種細菌是「牙齦卟啉單胞菌」（Porphyromonas gingivalis）及「伴放線聚集桿菌」（Aggregatibacter actinomycetemcomitans），它們會分別增加 59% 及 50% 的胰腺癌罹患率。說巧不巧地，這兩種細菌是早已被發現會引發牙周病。所以，這個新的研究，總算可以解釋為什麼有牙周病的人比較容易得胰腺癌[4]。

至於為什麼這兩種細菌會增加胰腺癌的罹患率，目前還不知道。我個人的想法是，它們可能也是通過口腔（牙周病）的傷口，進入血液循環，然後到達胰腺，從而助長胰腺癌的發生。

所以，這些研究告訴我們，原本與我們相安無事的細菌，在某些情況下，是有可能給我們帶來很大的麻煩。至於如何避免這些情況的發生，我想，聰明的讀者應該可以自行理解。

牙周病與中風、關節炎的關係

前面提到，口腔裡的細菌可能會引發或促進大腸癌及胰腺癌，而有牙周病的人比較容易得大腸癌及胰腺癌。2017 年 2 月，又有一則新聞說，有牙周病的人比較容易發生中風，而且牙周病越嚴重，中風的機率就越高。這個新聞是由美國心臟協會發佈，內容是在闡述一篇在該協會的年會上發表的研究論文[5]。

該論文的研究人員說，牙周病和血管硬化都是炎症，當血管硬化發生在腦或頸部時，就可能導致中風。也就是說，牙周病患容易中風，可能只是一種相關性（都是發炎），而非因果關係。

但是，牙周病和另外一個重要的疾病，則在 2016 年底被證明是因果關係。這個重要的疾病叫做「類風濕性關節炎」。它是由於病人的免疫系統錯誤地攻擊關節滑膜，而引發的痛苦炎症。也就是說，它是一種自體免疫系統疾病。

不過，早在一百多年前，一位英國醫生就指出，類風濕性關節炎並不是單純的自體免疫系統疾病，而是與口腔裡的細菌有關[6]。而在 2008 年發表的一篇調查報告裡更指出，患有類風濕性關節炎的人得牙周病的機率，高達四倍[7]。值得注意的是，類風濕性關節炎和牙周病都是骨頭遭到破壞的病，前者是關節骨，後者是牙周骨。

只不過，儘管「類風濕性關節炎」和牙周病，有如此明顯的關聯性，但是，要如何找到它們之間共同的病因，還真不容易。皇天不負苦心人，這個難題總算在一篇 2016 年 12 月 14 日發表的研究報告[8]，找到答案。

口腔衛生不好，會引發全身性疾病

我前面提過:「人的口腔估計含有數百種細菌，而它們的總數可以高達數百億」。但是，儘管數字龐大，它們通常與我們是相安無事。既然說「通常」，當然就表示有「不通常」的時候。那就是，其中一種叫做「伴放線聚集桿菌」（Aggregatibacter actinomycetemcomitans）的細菌，它不但會引發牙周病，而且會增加胰腺癌的罹患率。

如今，這個細菌也被發現是「類風濕性關節炎」的元兇。研究人員發現，這個細菌會分泌一種毒素，而這個毒素會造成嗜中性白血球產生過多不正常的蛋白質。這種不正常的蛋白質會引發自體免疫，到處攻擊，造成全身性的病變，也就是所謂的「風濕症」。這種病變在口腔就是牙周病，而在關節就是「類風濕性關節炎」。

所以，總歸一句話，口腔衛生不好，會讓壞的細菌增生，而這個壞的細菌會通過分泌毒素，引起全身性的疾病。難以想像，是不是？但是，是真有其事。

林教授的科學養生筆記

- 口腔裡的細菌可能會引發或促進大腸癌及胰腺癌，而有牙周病的人比較容易得大腸癌及胰腺癌
- 口腔衛生不好，會讓壞的細菌增生，而這個壞的細菌會通過分泌毒素，引起全身性的疾病

銀粉、洗牙與牙膏的注意事項

#牙周病、齲齒、牙刷、濫用、體質大崩壞、牙膏

我的前一本書《餐桌上的偽科學》在 2018 年底出版後，收到一位讀者來信：

林教授您好，最近在博客來書店看到您的書，很受吸引，目前人在大陸工作，返台必定購讀。感謝您的愛心將稿費損贈給弱勢的兒童與青少年，真是位有大愛的人士！

看到您講的牙周病資料，想到了二個疑問。我小時候因為齲齒，補了五、六處銀粉（近年好像已改成補樹脂類的材質），有人說銀粉裡面有汞齊，會滲入身體影響健康。請問根據資料研究來看，已經補銀粉的人，是否要挖出來重新填補成樹脂之類的，以確保健康？

傳統衛教倡導半年洗牙一次來去除牙結石，可是我看過《體質大崩壞》這本書，內容大概是講一位牙齒師，跑去五大洲調查少數民族，這些人通常沒有刷牙習慣，但是個個一口整齊好牙，而且少有齲齒。我想請問教授，有沒有可能，洗不洗牙和齲齒率沒有那麼相關呢？

補牙銀粉，安全但不環保

的確如讀者所說，補牙用的銀粉由於含有汞而備受關注，而相關的醫學論文也為數不少。為了節省篇幅，我只將一篇 2012 年發表的回顧性論文的結論翻譯如下[1]：

除了少數患者會有過敏反應外，目前使用的汞合金並未構成健康風險。除了對汞合金成分過敏的患者外，臨床上沒有理由要摘除臨床上令人滿意的汞合金修復體。汞過敏反應是對極低水平汞的免疫反應。沒有證據表明汞合金所釋放的汞會對一般人群產生不利的健康影響。只要遵循建議的汞衛生程序，就可將牙科診所裡可能發生的不良健康影響的風險降到最低。汞合金是一種安全有效的修復材料，而且沒有理由需要用其它材料來將之取代。

這項結論也是所有大規模的醫療機構及管理單位的意見，包括牙醫學會（美國、加拿大、英國等等）、美國食藥局（FDA）、世衛組織（WHO）等等。但是，根據聯合國環保部門的調查，光是在

2010年一年，全球牙科所使用的汞量就約為三百公噸，而其中的20%到30%是被丟棄成為廢料。

在聯合國2013年主導的《水俁公約》（Minamata Convention on Mercury）[2]裡，世界各國同意基於環保的理由逐年減少汞合金的使用，所以，**儘管銀粉對患者具有高安全性，總有一天，還是會因為環保而被完全取代。**

《體質大崩壞》的問題

好，現在來談讀者所提的第二個問題。這個問題實際上是包含兩個問題：一是《體質大崩壞》這本書可靠嗎？二是洗牙和齲齒率有相關性嗎？《體質大崩壞》（Nutrition and Physical Degeneration, 1939）2017年9月在台灣出版。作者偉斯頓．A．普萊斯（Weston Price, 1870 – 1948）是牙醫，但在1930年左右轉移興趣到營養學。

我沒看過這本書，但看過十幾個書評，所以還算了解它是在講什麼。作者在書中聲稱，原始生活的人很少有蛀牙，而究其原因是他們吃原始食物。反過來說，生活先進的人（即歐美居民），由於吃現代食物而容易蛀牙。從這項觀察，他進一步聲稱，現代人的種種健康問題，包括心臟病和糖尿病（也就是所謂的「體質大崩壞」），是由於食用現代食物而引起。因此，他大力提倡原始食物，包括喝未消毒的生奶和吃生肉等等。

好，現在來介紹兩篇我看過的書評。一篇是 1939 年發表在《美國公共衛生雜誌》(American Journal of Public Health)[3]，其中有這麼一句話:「給人的印象是，作者在未經適當核實的情況下接受某些故事為事實」。另一篇書評是 1940 年發表在《美國醫學會雜誌》(JAMA)[4]，其中有這麼一句話:「他對於問題的處理是用傳福音的方式而不是科學」(補充說明:個人的觀察和判斷，並非科學證據)。還有，一個專門打擊偽科學的網站在 2015 年 10 月發表一篇標題為「偉斯頓普萊斯駭人聽聞的生平」[5] 的文章。我想，就不需要引用其內容了吧。

不管如何，儘管建議減少精製食物的攝取是對的，但是，基於個人偏見而硬說原始族群比先進族群更健康，卻是值得商榷的。例如生奶或生肉都是非常危險的，因為有細菌和寄生蟲等等。

至於，讀者問的「洗牙和齲齒是否有相關性」，我需要先澄清，洗牙的目的主要是希望能降低牙周病的風險，而非齲齒。「洗牙」是俗稱，醫學名稱是「去除牙石和打磨」(Scale and Polish)。牙醫通常是建議每半年洗一次牙，但目前的科學證據還不足以證明它能降低牙周病的風險。有興趣的讀者請看發表於 2018 年 12 月的論文，標題是「常規洗牙與成人牙周健康」[6]。

證據之所以會不足，應該是由於臨床研究的量或質不夠。可是，由於「洗牙」並非攸關性命，所以相關研究很難爭取到經費。因此，洗牙是否能降低牙周病的風險，不太可能會有一個明確的答案。在此情況下，我還是建議，寧可相信洗牙是對健康有益。

牙膏用太多，也會有問題

最後一段，我想來談談每天都要用到的牙膏用量迷思。每次看到牙膏廣告裡一枝牙刷擠滿一長條牙膏，就不禁搖頭嘆息：難道為了賺錢就需要這樣害人嗎？美國疾病控制及預防中心（CDC）在 2019 年 2 月，發布一份調查報告，標題是「兒童和青少年牙膏使用和刷牙習慣 — 美國 2013 到 2016」[7]。

這項調查共納入 5,157 名三到十五歲的兒童和青少年，結果發現，在三到六歲的兒童裡，約有四成過量使用牙膏。**過去數十年的研究已經證實，適量的氟可以保護牙齒，因此絕大多數的牙膏都含有氟。可是，研究也一樣表明，過量的氟是會破壞牙齒的。**尤其是在牙齒發育期間，攝入過多的氟會導致牙釉質結構的變化，例如變色和凹陷（氟斑牙）。因此，CDC 建議：

1. 兒童在二歲時才開始使用含氟牙膏
2. 三歲以下兒童應使用米粒大小的含氟牙膏

3. 三到六歲的兒童應使用豌豆大小（0.25 克）的含氟牙膏

可是，這項調查卻發現，約四成的三到六歲小孩在用牙膏時，是擠了至少覆蓋半枝牙刷的量。**由於六歲以下的兒童吞嚥反射還未發育完全，所以過度使用牙膏，會導致吞入過量的氟，從而造成氟斑牙。**因此，做父母的一定要教導（甚至監管）小孩如何正確使用牙膏。

雖然這份調查報告是針對兒童及青少年，但事實上，成人也一樣有過度使用牙膏的問題。在派斯頓牙科診所（Paxton Dental）的網站有一篇文章叫做「牙膏的危險」[8]，其中的兩句話是：「牙膏的過度使用已被確定會導致某些情況，例如牙釉質變薄和敏感性增加。如果你被教導越多刷牙，牙齒就會越白，你就可能成為一個牙膏濫用者。」

在哈里斯牙科診所（Harris Dental）的網站也有一篇文章，標題是「你該使用多少牙膏」[9]，其中一段是：「由於牙膏在電視上的廣告，大多數成年人認為有必要覆蓋牙刷的整個表面。但這實在是太多了。成年人只需要使用豌豆大小的牙膏來正確清潔牙齒。」

事實上，早在 2005 年，牙醫教授湯瑪士・亞伯拉罕生（Thomas Abrahamsen）就發表論文，標題是「磨損的牙列 —— 磨損和侵蝕的病徵模式」[10]。他說：「濫用牙膏的患者通常不喜歡他的牙齒顏色。這些人誤以為多刷牙，牙齒就會越白。但是，實際上相反的情況發生：隨著牙釉質變薄，牙本質越接近表面，導致整體外觀變得更黑暗。如此，又惡性循環地導致進一步濫用。」

總之，**在醫學界，正確的牙膏使用量，是沒有爭議的。所有正規的牙醫機構及診所，都是建議豌豆大小。**但是，為什麼牙膏廣告卻偏偏要擠滿一整條呢？

林教授的科學養生筆記

- 除了少數患者會有過敏反應外，沒有證據表明汞合金所釋放的汞會對一般人群產生不利的健康影響
- 洗牙是否能降低牙周病的風險，不太可能會有一個明確的答案。在此情況下，我還是建議，寧可相信洗牙是對健康有益
- 過去數十年的研究已經證實，適量的氟可以保護牙齒，但過量的氟也會破壞牙齒。成年人只需使用豌豆大小的牙膏，而非電視廣告那般覆蓋整個牙刷表面的份量

1-13 跑步與健康的科學研究

#馬拉松、高齡、關節炎、膝蓋、養生之道

讀者王振宇在 2018 年 10 月詢問：教授您好，在下幾乎看完網站所有文章，真是受益良多，感謝帶給我實證的醫學、健康知識及認真生活的啟示。現有一疑慮，年長者（六十五歲以上）可否跑馬拉松？看了許多資料，正反都有，然目前馬拉松充滿商業性質，我想不少是鼓吹的偽健康。因教授是運動愛好者，也把運動落實在生活中，尤其是教授的文章「我的養生之道」，與我奉行的相同。不同的是，我將跑步變成長跑，每週三次各十公里以上（我已逾七十歲），因為擔心長跑會影響健康，請教授從醫學的角度給些建議。

資料顯示，年長者可以跑馬拉松

首先，我非常感謝王先生的支持和鼓勵。有關長跑對健康的影響，的確是正反兩面意見都有。王先生能在自身喜好長跑的情況下，對鼓吹長跑的意見抱持懷疑，真是讓我敬佩。

有關年長者（超過六十五歲）可否跑馬拉松，根據 Marastats 網站，在馬拉松人口中，七十歲以上的男性佔 0.7%，女性佔 0.2%。所以，年長者雖然不多，但還是有。

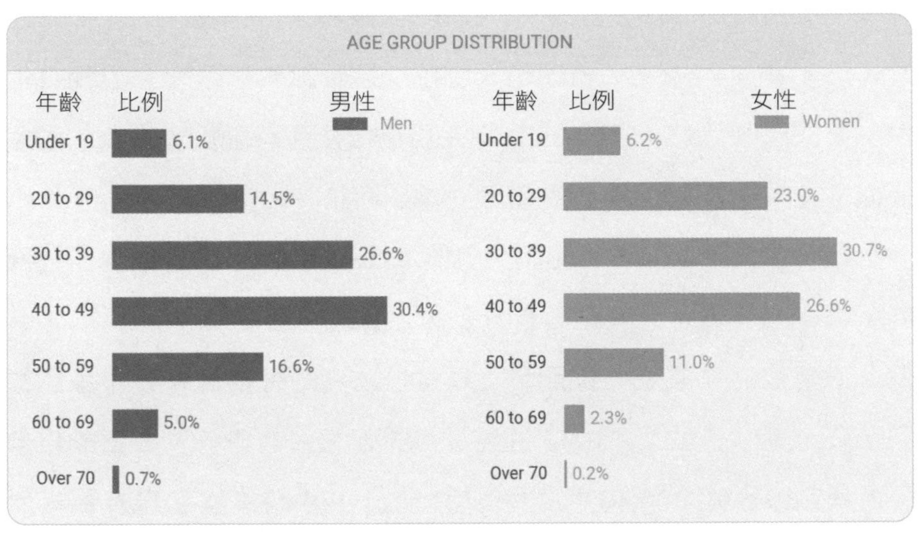

馬拉松跑者的年齡分佈，資料來源：https://marastats.com/marathon/

最不可思議的是，有一位百歲人瑞在 2011 年用八小時二十五分鐘跑完四十二公里的多倫多馬拉松。此人是富亞．辛格（Fauja Singh），現今還活著（一百零七歲）。他在八十一歲時才開始跑步，在八十九歲時才第一次跑馬拉松（倫敦），在一零二歲時還跑完香港十公里。之後，他宣布退休。由此可見，年長者是可以跑馬拉松。只不過，這很顯然是因人而異。

長跑對健康的影響

至於長跑是否會影響健康，我先提供幾篇研究報告：

一、2011 年論文，標題是「馬拉松後腎臟數據改變和急性腎損傷」[1]，結論：大約 40%的人在跑完馬拉松後會有急性腎損傷的現象（血檢和尿檢數據），但這些現象在二十四小時內就完全消失。

二、2011 年論文，標題是「經年的長跑者的心肌纖維化多種面向」[2]，結論：經年的長跑者有較多的心肌纖維化。

三、2017 年論文，標題是「馬拉松跑者的腎損傷和修復生物標記」[3]，結論：大約 75%的人在跑完馬拉松後會有急性腎損傷的現象（血檢和尿檢數據），但是這些現象在二十四小時後就完全消失。

四、2017 年論文，標題是「運動員的長年運動量與動脈粥樣硬化之關係」[4]，結論：經年的長跑者有較多的冠狀動脈鈣化以及動脈粥樣硬化斑塊。

五、2017 年論文，標題是「經年的長跑者的冠狀動脈鈣化盛行率與較低動脈粥樣硬化風險檔案」[5]，結論：經年的長跑者有較多的冠狀動脈鈣化，但卻沒有臨床症狀。

六、2017 年論文，標題是「50 人，3,510 場馬拉松，冠狀動脈鈣化與冠狀動脈疾病風險因子」[6]，結論：經年長跑者的冠狀動脈鈣化與冠狀動脈疾病風險因子有關，但與長跑數量無關。

七、2018 年論文，標題是「跑步耐力賽後心肌鈣蛋白上升」[7]。結論：長跑導致心肌受傷指數上升。

八、2018 年論文，標題是「活躍馬拉松跑者的髖及膝蓋關節炎機率較低」[8]。結論：長跑者較不會有髖關節炎和膝關節炎。

從上面這幾篇論文，我總結如下：1. 長跑對髖關節和膝關節的影響是趨向於正面的；2. 長跑可能會造成短暫的急性腎損傷；3. 長跑可能會造成急性心肌損傷；4. 長期長跑可能會造成冠狀動脈鈣化和斑塊，但卻沒有相關臨床症狀。

所以，我給年長跑者如王先生的建議是，可以繼續長跑，但要「聽」自己的身體。如果聽到問題，就要調整，例如「縮短距離、換做一些上半身的運動」等等。

長跑的人比較不會得髖關節炎和膝關節炎

關於跑步，還有一些常見的迷思，就由一篇讓我「極度震驚」

的文章說起，發表於《康健》雜誌，日期是 2016 年 9 月。作者是一位運動醫學專科醫師，內文還特別註明這位醫師是奧、亞運國家代表隊的醫師，標題是「搶救退化性關節炎，先強化韌帶、肌肉」，第一段是：「近年路跑盛行，因而導致的早發型膝關節退化性關節炎愈來愈多，逐漸成為慢性膝蓋疼痛的主要原因」。

就是這一段，真的把我嚇壞了。在前面討論高齡者跑馬拉松的文章中，我引用了八篇論文來討論長跑對健康是否有不良影響，而這八篇論文裡就只有一篇是關於關節炎。這篇關節炎論文發表於 2018 年，標題是「活躍馬拉松跑者的髖及膝蓋關節炎機率較低」，結論是：長跑的人比較不會得髖關節炎和膝關節炎。也就是說，這篇論文的結論，正好與那位國家代表隊醫師所說的相反。

其實，每一次當我告訴剛認識的人我有跑步的習慣時，對方一定會問，膝蓋有沒有問題。也就是說，跑步會傷害膝關節的觀念，已經是廣為流傳，根深蒂固，而且是中外皆然。

在「跑步是否導致膝蓋關節炎？」[9]一文裡，骨外科及運動醫學專科醫師霍華．路克（Howard Luk）就這麼說：「跑步的人日復一日地撞擊膝蓋。 所以很多人會認為這樣會造成傷害，而這也算是有道理。但好消息是，這似乎不是真的。跑步後，軟骨會變形，但在正常情況下會自行修復。有趣的是，在患有關節炎的跑步者中，重複運動可能會減緩疾病的進展。」

在「跑步是否會傷害你的膝蓋」[10]一文裡，復建科及運動醫學專科醫師史提芬・梅爾（Steven Mayer）也這麼說：「人們常說，這不會毀了你的膝蓋嗎？但是，最近的幾項研究打破了這個迷思。事實上，跑步可以保護膝蓋免於發生關節炎。」這兩位醫師所說的都有科學根據，請看下面列舉的相關論文：

一、2013年論文，題目是「跑步和走路對於關節炎和膝蓋置換風險的影響」[11]，結論：跑步顯著減少骨關節炎和髖關節置換的風險。

二、2016年論文，標題是「跑步降低膝關節內促進發炎細胞因子和軟骨低聚基質濃度：先導研究」[12]，結論：跑步似乎可以降低膝關節內促進發炎細胞因子的濃度。

三、2017年論文，標題是「跑步習慣與膝關節炎是否有關？關節炎橫向研究新面向」[13]，結論：跑步不會增加關節炎的風險。

四、2017年論文，標題是「休閒性跑者與競爭性跑者的膝及髖關節炎關聯：系統性報告與薈萃分析」[14]結論：與不跑步的人或競爭性跑步的人相比，休閒性跑步的人較不會發生膝關節炎或髖關節炎。

五、2018年論文，標題是「與走路相比，跑步對於髖關節負擔是否較輕？」[15]結論：與走路的人相比，跑步的人的髖關節負擔較輕。

從上面這五篇論文，我們可以看出，**跑步非但不會增加，反而可能會減少關節炎的風險**。所以，您現在應該可以理解，為什麼我會對那篇國家代表隊醫師所寫的文章，感到極度震驚。

我的養生之道

講完了跑步對於健康的影響，因為讀者提到我寫的〈我的養生之道〉這篇文章，所以順便將此文收錄在此。不過必須先說，我覺得拿自己做為養生之道的榜樣並不恰當。畢竟，每個人過去的背景和現在的情況都不一樣，所以，適合我的養生之道，不見得適合你。再來，再怎麼會養生，我也不敢保證我就會比你更健康、長壽或快樂。

但是，既然做為「科學的養生保健」網站的站長，我又難免覺得有義務讓讀者知道版主確實是身體力行，而非光說不練。還有，其實我發表過數十篇「養生之道」的文章，但點擊率都不高。所以，我也很希望有機會推銷自己花了很多心血完成的作品。就這樣，我「勉為其難」地如此回應讀者對於我個人養生之道的提問：

問：您定時吃三餐嗎，飲食內容？

是的，我盡可能定時吃三餐。飲食基本上是隨性（隨興），沒有特別講究，也沒有刻意安排。我從不會因為聽說某某食物有什麼功效（抗癌、增強免疫力、幫助勃起等等），而特別去吃。

我非常怕過鹹或過甜的食物，也很少吃油炸的東西，所以三餐自然是低糖（蔗糖）、低鹽、低脂。我的早餐非常簡單，通常就只是兩片塗奶油的麵包、一條香蕉和一杯黑咖啡。既沒有蛋，也沒有肉，幾乎完全沒有蛋白質或脂肪。

那，您一定會問：不是說早餐最重要嗎？其實，那個說法是有心人士編織出來的（請看第 204 頁）。我的中餐和晚餐通常就是米飯、蔬菜、肉類和水果，蔬菜吃得比肉多。肉類以魚為主，魚多為養殖鮭魚，水果則是最後吃。對於酒，我一向是抱著敬畏之心，只有在應酬時才敢稍加「褻瀆」。

還有，我白天一整天看報告寫文章，一定要有好茶相陪。對於茶的品質及沖泡，我就相當講究。不過，我從不刻意去買有機的東西，也寫過幾十篇文章，說基改食物及美豬美牛都是安全無虞（關於喝茶、有機、基改和美國瘦肉精的文章，皆收錄於上一本書中，當然網站中也有）。

問：運動和睡眠的規律，和保養之道？

除了無法抗拒的因素之外（如長途飛機），我每天運動。但隨著年紀，運動量逐年下調。目前的功課表是，今天跑步（五公里），明天游泳（一點五公里），後天舉重，周而復始。睡眠時間則是晚上十一點到早上七點。保養之道是從不吃維他命和保健品，也幾乎不吃藥（曾吃藥治療幽門桿菌，但已經十六年沒吃過任何藥了）

問：興趣是健康的方法之一嗎？

做喜歡做的事，當然是對健康有益。看書、畫畫、音樂、園藝、社交、聊天、公益、志工等等，都非常好。總之，盡量做一些能忘憂的事。

問：人生座右銘？

我的一生就是運動、音樂和醫學的綜合體，所以我的臉書橫幅是以這三項嗜好組合而成。臉書裡有我和音樂大師洪一峰、呂泉生、蕭泰然、任策及林生祥合影的珍貴相片，也有我指揮合唱團及彈唱月琴、吉他的影片。

我非常厭惡為謀私利而編造偽科學的人，也很同情被這些偽科學騙了的人。所以，如果硬要說出一個座右銘，那就用「打擊偽科學」吧。

林教授的科學養生筆記

- 資料顯示，年長者可以跑馬拉松，只不過，這很顯然是因人而異
- 目前的科學證據都顯示，跑步非但不會增加，反而可能會減少關節炎的風險
- 長跑可能會造成短暫的急性腎損傷和急性心肌損傷

Part **2**

食補與保健品的騙局

聽說什麼食物有什麼功效而拚命吃，或是狂買狂吃罐子裡的保健食品，永遠都不比上盤子裡均衡清淡的原食材和有恆的運動

2-1 鳳梨可溶解飛蚊症是鬧劇一場

#鳳梨酵素、掠奪性期刊、水晶體、補充劑、影響因子

2019 年 5 月 27 號，讀者 Andy 寄來《健康雲》的文章，標題是「影／飛蚊症超煩！台研究：吃鳳梨可溶解黑點點，登美國科學期刊」[1]，文章的第一段是：

吃鳳梨也能顧眼睛！國內一項歷時三年的最新研究發現，飛蚊症患者每天吃一百到三百公克的鳳梨，三個月後平均可減少 70% 左右的飛蚊症症狀。研究人員認為，可能是鳳梨中的酵素可分解微纖維增生的細胞外物質，及增加玻璃體中的抗氧化物，以減緩活化氧對人類水晶體的破壞。全球首次發現的研究結果已刊登在四月的《美國科學期刊》。

《美國科學期刊》是美國的哪一家科學期刊？啊，搞了半天，原來是 Journal of American Science，這是一個連我這樣四十多年的科研老江湖，也從未聽過的期刊，我到公共醫學圖書館 PubMed 搜尋也找不到。我大致瀏覽了該期刊的幾篇論文，很難想像這種水準的期刊竟然還能存活了十四年。可是這個名不見經傳的期刊名字被翻成中文後，就變成很了不起的「美國科學期刊」。

「掠奪性期刊」的騙術

更害人的是，它會跟另外一份期刊 American Journal of Science（也是翻成「美國科學期刊」）混淆。American Journal of Science 是一份創立於 1818 年的老牌期刊。它雖然不算是高檔的期刊（影響因子 3.9），但是信譽良好。還有，它雖然是屬於自然科學的範疇，但重心卻是在地質學。這裡提到的「影響因子」（Impact factor，IF），是指學術期刊的內容在每年或特定期間被引用的頻率，是評量學術期刊可信度的重要指標，下頁表格即是 2018 年影響因子排名前二十的頂尖期刊列表。

而這個 Journal of American Science 很顯然就是看中 American Journal of Science 的良好信譽而玩移花接木、魚目混珠的把戲，搖身一變成為良家淑女。這就是所謂的「掠奪型期刊」（Predatory Journal）。而果不其然，Journal of American Science 以及它的出版社 Marsland Press 是早就被列入「掠奪型期刊」的黑名單。請看附錄的

2018 年影響因子排名前 20 名的頂級期刊

排名	名稱	總引用次數	影響因子
1	CA：臨床醫師癌症雜誌（CA-A CANCER JOURNAL FOR CLINICIANS）	28,839	244.585
2	新英格蘭醫學期刊（NEW ENGLAND JOURNAL OF MEDICINE）	332,830	79.258
3	柳葉刀（LANCET）	233,269	53.254
4	化學評論（CHEMICAL REVIEWS）	174,920	52.613
5	自然綜述：材料（Nature Reviews Materials）	3,218	51.941
6	自然綜述：藥物發現（NATURE REVIEWS DRUG DISCOVERY）	31,312	50.167
7	JAMA：美國醫學會期刊（JAMA-JOURNAL OF THE AMERICAN MEDICAL ASSOCIATION）	148,774	47.661
8	自然：能量（Nature Energy）	5,072	46.859
9	自然綜述：癌症（NATURE REVIEWS CANCER）	50,407	42.784
10	自然綜述：免疫學（NATURE REVIEWS IMMUNOLOGY）	39,215	41.982
11	自然（NATURE）	710,766	41.577
12	自然綜述：遺傳學（NATURE REVIEWS GENETICS）	35,680	41.465
13	科學期刊（SCIENCE）	645,132	41.058
14	化學學會評論（CHEMICAL SOCIETY REVIEWS）	125,900	40.182
15	自然：材料科學（NATURE MATERIALS）	92,291	39.235
16	自然：奈米技術（Nature Nanotechnology）	57,369	37.490
17	柳葉刀腫瘤學（LANCET ONCOLOGY）	44,961	36.418
18	現代物理評論（REVIEWS OF MODERN PHYSICS）	47,289	36.367
19	自然：生物技術（NATURE BIOTECHNOLOGY）	57,510	35.724
20	自然評論：分子細胞生物學（NATURE REVIEWS MOLECULAR CELL BIOLOGY）	43,667	35.612

資料來源：Journal Citation Report(JCR)

「期刊黑名單」[2]以及「掠奪型期刊及出版社」[3]。

錯誤百出的拼字和內容

這篇研究論文的標題是「在台灣用三個月的鳳梨補充劑來進行玻璃體漂浮物的藥學性溶解：一項試探性研究」[4]（Pharmacologic vitreolysis of vitreous floaters by 3-month pineapple supplement in Taiwan: a pilot study）。Pharmacologic 的意思是「藥理學的」。可是，鳳梨怎麼會是藥呢？還有，supplement 的意思是「補充劑」，可是，鳳梨怎麼會是補充劑呢？

文摘（Abstract）是一篇論文的門面。大多數人在搜尋或瀏覽論文時，就只是看文摘。可是，在這篇論文的文摘裡，隨便一瞄就可以看到錯字屍橫遍野。例如，arranged 竟然被寫成 arrangged；examinations 竟然被寫成 examinationsn；experiments 竟然被寫成 experimets。

圖表也是讀者會比較注意的，可是，這篇論文的圖表裡，2nd 竟然被寫成 2rd，3rd 竟然被寫成 3th。再來，在這篇論文的討論（Discussion）裡，竟然還說「玻璃體是由肝細胞組成」。我差點沒把三天前吃的飯吐出來。請注意，這些錯誤都只是隨便一瞄就看到的。如果仔細看的話，那肯定是罄竹難書。

鳳梨酵素功效不可能到達眼睛

好了，談正經事吧。這篇論文說，因為鳳梨含有鳳梨酵素，所以能將飛蚊症的黑點溶解掉。可是，吃進肚子裡的鳳梨酵素是會被胃酸及消化酶分解掉，怎麼可能會跑到眼睛去？如果說吃鳳梨三個月就能治療飛蚊症，那說不定吃鳳梨酵素三天就好了。只不過，正規的鳳梨酵素藥片是要有腸溶衣的保護，才能避免被胃酸破壞。這一點，連台灣的食藥署都曾表示過（請看上一本書的〈酵素謊言何其多〉）。所以，被吃進肚子裡的鳳梨，它所含的鳳梨酵素是不可能會跑到眼睛去的。

事實上，縱然是帶有腸溶衣保護的鳳梨酵素，它是否真的具有任何療效，都還是個很大的問號。這麼多這麼大的問號，也就怪不得這麼一個歷時三年的臨床研究竟會淪落到發表在一個掠奪性期刊。

文章發表後過了幾天，一位讀者將《健康雲》的文章寄給我，標題是「吃鳳梨治飛蚊症遭教授打臉：酵素不會跑到眼睛！研究作者回應了」[5]，問我有何想法。我回答：「避重就輕，呼攏蒙混」。想想看，這麼一篇慘不忍睹的「論文」，還需要我跟作者回應？如果他們認為自己的研究值得學術性的討論，那為什麼會選擇發表在一份掠奪型期刊？

有另外一位讀者回應：寧可無知，也不要如此粗糙的研究。這些「專家」姑且不論學識，品德之低劣，令人嘆息。我回應：「的確。我這篇文章看似詼虐，卻是以無比沉痛的心情寫的」。

林教授的科學養生筆記

- 此篇所謂鳳梨可溶解飛蚊症的「論文」，是刊登在所謂的掠奪性期刊，可信度極低，且其文章英文錯誤百出，論點更是站不住腳
- 簡而言之，吃進肚子的鳳梨所含的鳳梨酵素是不可能會跑到眼睛去的

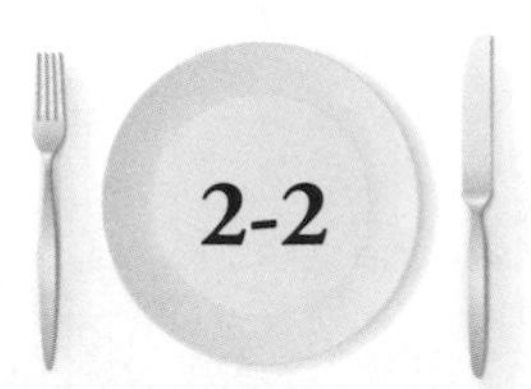

護眼補充劑與太陽眼鏡的必要性

#葉黃素、玉米黃質、反式脂肪、黃斑退化、墨鏡、藍光

網路上有關護眼補充劑的資訊和廣告，可說多到讓人眼花繚亂，目瞪口呆。它們大多會告訴你，一定要吃補充劑來預防像黃斑病變和白內障等跟年齡增長有關的退化性眼病。而所謂的護眼補充劑，大多與葉黃素（Lutein）和玉米黃質（Zeaxanthin），脫不了關係。真是如此？以下是我的整合報告。

沒病的人不需要護眼補充劑

「黃斑」是我們視覺（視網膜）的中心點。「黃斑病變」也叫做「黃斑退化」，它是造成不可逆轉的視力喪失主因。每五個六十歲以上的人就有一人，有不同程度的黃斑退化。**引發黃斑退化的因素，有三個是我們無法控制的：老年、種族和遺傳；另外五個是我們能控制的：吸菸、反式脂肪、陽光（藍光）、高血壓和肥胖。**

黃斑的英文是 Macula Lutea，而 Macula 及 Lutea 的拉丁文原意，各別是「斑」及「黃」。黃斑之所以會是黃色，是因為它帶有兩種黃色素。也就是上面提到的葉黃素和玉米黃質。這兩種色素有抗氧化和過濾有害光線（藍光）的功能，所以，對保護眼睛至關重要。

但是，它們不是我們身體自己製造的，而是源自於食物。**很多種蔬菜（如羽衣甘藍和菠菜）和水果（如芒果和香瓜），都含有葉黃素和玉米黃質。所以，關心眼睛健康的機構都建議要多吃蔬菜和水果。**雞蛋也含有這兩種營養色素，不過，因為過多飽和脂肪的顧慮，所以不可能建議多吃雞蛋。

那，既然可以從食物攝取，為什麼還需要花錢買補充劑？我想，要回答這個問題，最好就是聽聽真正關心我們眼睛健康的非營利機構是怎麼說。美國有三個這樣的機構，分別是：國立眼科研究所（National Eye Institute）、美國眼科學會（The American Academy of Ophthalmology）和美國黃斑退化基金會（American Macular Degeneration Foundation）。它們的建議如下：

1. 沒有黃斑退化的人和患有早期黃斑退化的人，要多吃蔬菜和水果及避開危險因素（吸菸、反式脂肪、肥胖等等）

2. 患有中期或晚期黃斑退化的人，則需要服用補充劑（當然也需要吃蔬果及避開危險因素）。他們建議的補充劑成分如下（每天用量）：維他命 C 500 毫克；維他命 E 400 國際單位；鋅（氧化鋅）80

毫克；葉黃素 10 毫克；玉米黃質 2 毫克；銅（氧化銅）2 毫克

這個補充劑成分是經過兩個大型臨床試驗之後設定的。而幾乎所有補充劑品牌也都標榜含有這樣的成分。但是，一篇發表於 2014 年的研究發現，十一個熱賣的品牌中，有七個的成分根本就不足，而十一個品牌全部都有誤導性宣傳。有興趣看這十一個品牌的讀者可查看註釋連結[1]。

總之，這三個眼科機構都強調，**不要相信廣告中所說「沒病的人需要服用補充劑來預防」，只要多吃蔬果及避開危險因素，補充劑是不必要的。他們建議眼科醫師都能向大眾傳達這個信息。**

葉黃素不可與 β 胡蘿蔔素併用，並不可信

2016 年 9 月，讀者寄來一篇文章，標題是：「葉黃素保護黃斑部，不可與 β 胡蘿蔔素併用」。這讓我覺得很奇怪，因為我在寫上一段護眼補充劑的文章時，看了非常多資料，卻從沒看到這種說法。我追查了一下，發現好多新聞媒體及健康資訊網站也提供同一篇文章。文章裡說：藥師陳某某特別提醒，在服用葉黃素時，切勿與 β 胡蘿蔔素併用，以免產生交互作用。

為了要查證這個說法是否正確，我就到美國三個主要的眼科機

構搜尋資料。這三個機構是前面提過的「國立眼科研究所」、「美國眼科學會」和「美國黃斑退化基金會」。結果，沒看到任何資料說葉黃素與 β 胡蘿蔔素有交互作用，或不可同時服用。

我也到公共醫學圖書館 PubMed 搜尋，找到一篇研究報告，其結論是葉黃素與 β 胡蘿蔔素會互相影響在小腸的吸收，但是並不影響最後它們在血液裡的濃度[2]。也就是說，就進入血液循環系統而言，它們是沒有交互作用的。

還有另外一個 2013 年的研究[3]，它雖然不是專注於測試葉黃素是否與 β 胡蘿蔔素有交互作用，但它的結果顯示，葉黃素與 β 胡蘿蔔素並沒有交互作用。

事實上，美國黃斑退化基金會的網站有提供一些菜單，而它們都是同時包括葉黃素與 β 胡蘿蔔素。所以，「葉黃素不可與 β 胡蘿蔔素併用」的說法，是不可信的。

太陽眼鏡的重要性

2019 年 4 月 17 日，我去「壹電視」接受採訪，出版社的蘇總編好意開車載我去。她看到我一下車就趕緊戴上太陽眼鏡，不禁好奇：「太陽眼鏡有這麼重要嗎？」。我回答：「當然」。所以她就說：「那教授能不能寫一篇文章告訴讀者呢？」其實，早在兩三年前我就想寫，也蒐集了很多這方面的資料。但是，由於沒有迫切性，就一直把計劃擱置一旁。現在，既然蘇總編要求，我當然就義不容辭。

來自太陽的光線可以分成「可見光」及「不可見光」。可見光是波長在380納米到740納米之間的光線。這些光線全部混在一起時，是白色的（就是白天時的亮光），但我們可以用三棱鏡將此白光分解成七種顏色，由長波到短波分別是：紅、橙、黃、綠、青（cyan）、藍（blue）、紫。

附帶一提，台灣教科書將光的顏色分成紅、橙、黃、綠、藍、靛、紫，但如此一來，藍光（cyan）就不是藍光（blue）了。至於「不可見光」指的是波長低於380納米或高於740納米的光線，而會對我們眼睛造成傷害的，是波長在100納米到380納米之間的紫外線。

由於我們不可以拿人來做傷害眼睛的實驗，所以，這方面的研究通常是用老鼠做的，而其結果的確證明，高強度的可見光是會導致視網膜病變。因此，我們可以推理，高強度的可見光也會損傷我們人類的視網膜，例如，它可能會造成年齡相關性黃斑變性（age-related macular degeneration）。

可見光裡的藍光攜帶最多的能量，因此對眼睛（視網膜）的傷害也最大。所以，戴太陽眼鏡的目的之一，就是要削弱可見光的強度（尤其是藍光），從而避免視網膜受損。

至於紫外線，有很多網路文章，包括一些來自眼科機構的，說它會造成黃斑病變，但事實上紫外線的穿透力很弱，根本就無法抵達視網膜（因此「不可見」），所以也就沒有可能會造成黃斑病變。雖然有老鼠研究說，紫外線會誘發自由基形成，進而導致黃斑病變，但是，目前仍沒有確切證據顯示紫外線會造成人的黃斑病變[4]。

紫外線通常分成 UVA、UVB、UVC 三種。UVA 的波長在 315 納米到 380 納米之間，UVB 的波長在 285 納米到 315 納米之間，而 UVC 的波長則在 100 納米到 280 納米之間。因為 UVC 無法穿透大氣層（臭氧層），所以來自陽光的紫外線，就只有 UVA 和 UVB 會影響到我們的健康（包括眼睛）。UVB 的穿透力雖然比 UVC 強，但還是無法穿透眼角膜，所以它的傷害只局限於眼睛表面的角膜和結膜。

UVA 和 UVB 都有可能會造成眼角膜和眼結膜的傷害，尤其是會在眼角膜上引發類似皮膚的生長（翼狀胬肉，pterygium）而影響視力。UVA 是唯一能穿透眼角膜的紫外線，所以它有可能會傷害水晶體，導致白內障。因此，戴太陽眼鏡的另一目的，就是要阻擋 UVA 和 UVB，從而避免眼角膜、眼結膜或水晶體受損。

好，現在知道什麼樣的光線會傷害眼睛之後，我們可以來討論如何選擇太陽眼鏡。**由於藍光的傷害力最大，所以購買太陽眼鏡時，最好是選擇能夠阻擋藍光的琥珀色或灰色鏡片。而由於琥珀色可能會影響交通號誌燈顏色的辨別，所以灰色鏡片可能較適合駕駛人使用。**

選擇太陽眼鏡的迷思

很多人以為鏡片的顏色越深，就越能阻擋紫外線，但事實上，沒有任何顏色是可以阻擋紫外線。真正能阻擋紫外線的是「抗紫外線塗劑」（Anti-ultraviolet coating），而它是沒有顏色的（就像防曬油是沒有顏色的）。所以，想要購買防紫外線的太陽眼鏡，就只能看標籤上是否有註明「100%抗 UVA 和 UVB」。

很多人也以為太陽眼鏡的價錢越高，就越能阻擋紫外線，但事實上，美國的 TODAY 電視節目曾做過調查，發現凡是有註明 100% 抗 UVA 和 UVB 的太陽眼鏡，不管是幾塊美金或幾百塊美金，都一樣有效。

鏡框的選擇也很重要。**環包式（包覆式）的鏡框能阻擋來自任何角度的光線，也可以讓你將太陽眼鏡戴在既有的眼鏡上，所以這種鏡框是最好的選擇。**我自己就是戴這樣的太陽眼鏡。

最後，如果您做過白內障手術，就可能已經知道，大多數人工水晶體是具有防藍光和防紫外線的功能。但是，儘管如此，紫外線還是有可能會傷害到眼角膜和眼結膜，所以，佩戴太陽眼鏡還是有必要的。

林教授的科學養生筆記

- 美國三大非營利眼科機構都強調，沒病的人只要多吃蔬果及避開危險因素，補充劑是不必要的
- 美國黃斑退化基金會網站提供的菜單中，都是同時包括葉黃素與 β 胡蘿蔔素。所以「葉黃素不可與 B 胡蘿蔔素併用」的說法不可信
- 高強度的可見光會導致視網膜病變，可見光裡的藍光攜帶最多的能量，因此對眼睛的傷害也最大。戴太陽眼鏡的目的之一，就是要削弱可見光的強度（尤其是藍光），從而避免視網膜受損
- 想購買能防紫外線的太陽眼鏡，就只能看標籤上是否有註明 100％抗 UVA 和 UVB，與眼鏡的價錢和顏色深淺無關

保健品業配文賞析三則

#非晶鈣、關立效、活關素75、藻知道、保健產品、關節炎

我曾經寫過，只要營養品和補充品沒有對大眾造成立即的傷害，FDA（美國和台灣都是）就不會過問，也無需售前核准，但先決條件是，不得宣稱有療效。如果真的有療效，就會是藥品，而非保健品。藥品在上市前必須證明既有效又安全，所以需要大量的資金及時間才能研發成功。反過來說，保健品既不需要證明有效也無需證明安全，所以任何商家可以在網路或任何其他管道，來販賣自稱的保健品。

光在美國，這就是一門每年三百億美金的龐大產業，對於政府來說，可以增加就業和稅收，所以只要沒有造成食安事件就可以睜一隻眼閉一隻眼。因為不能直接在產品上面宣稱療效，所以許多保健品廠商都很聰明的利用內容農場、匿名網友、業配新聞、代言人、置入電視節目，甚至出書（可以選擇自費出版或是跟出版商承諾買一定數量的書，再將書送給客戶）等來散佈其宣稱的療效。以下就是三則經典的保健品業配文偽裝成新知的案例，分別是「非晶鈣」、「關立效」、「藻知道」。

非晶鈣，健骨？

2018年10月，讀者翟偉利提問：這篇文章應該是有賣藥之嫌，是否真有「非晶鈣」(Amorphous Calcium)一說，它的效果又是如何？讀者提供的是2018年10月「元氣網」的文章，標題是「藍螯蝦擷取靈感 NASA 選用的非晶鈣問市，健構骨本」，作者是曾俊林[1]。

其實，這位曾先生早在前幾天就已經在元氣網發表了另外一篇文章，標題是「號外！非晶鈣上外太空！鈣片的革命性突破，榮獲美國 NASA 合作計畫」[2]。也就是說，這篇是他的第二波促銷，而就如標題所說，此一「健骨」神藥已在台販售。

這篇文章所說的「非晶鈣」是 amorphous calcium carbonate，其正確翻譯應該是「無定形碳酸鈣」。也就是說，它並非沒有結晶，只不過是沒有固定的形狀（也有翻譯成「非晶態碳酸鈣」)。

這種結晶極不穩定，只自然存在於海膽、珊瑚、貝殼類等動物之中。但是，現在已經有好幾個研究團隊將它成功合成，他們的目的是想利用這種結晶做為藥物的載體或做為其他應用材料，只有這篇文章所推銷的「非晶鈣」，是將此結晶當成保健品來賣。另外，有關此結晶的研究論文共有二百四十七篇，但卻只有兩篇可以說是與骨頭相關（由同一團隊發表）。好，現在可以來分析這篇文章的真真假假了。

原文：全球有超過四百家研究團隊投入非晶鈣技術研發，但僅有以色列一家公司從藍螯蝦以十倍速度更新外殼過程中攫取非晶鈣靈感，並取得專利技術，吸收效果大幅增加，更可改善傳統鈣片便秘、結石等副作用。因而獲選和美國 NASA 合作，展望太空人能有效預防骨鬆，堪稱醫藥界一大盛事。

分析：所謂的「全球有超過四百家研究團隊投入非晶鈣技術研發」純粹只是要凸顯這家以色列公司的一枝獨秀。如果真的有超過四百家研究團隊投入研發，那論文的數量是不可能只有兩百四十七篇。至於「更可改善傳統鈣片便秘、結石等副作用」，是完全沒有任何科學證據。而「獲選和美國 NASA 合作」這點，我有到這家以色列公司的網站查看，但卻沒看到什麼 NASA 不 NASA。

原文：小標題：促進幹細胞分化成骨細胞。非晶鈣除具備好吸收、好利用二大特質，更重要的是能促進幹細胞分化為成骨細胞，進而增加鈣在骨中沉積。

分析：沒有任何研究報告說非晶鈣能促進幹細胞分化。

原文：並在國際醫學期刊發表「非晶鈣可提升鈣吸收：對停經後女性所做的隨機雙盲交叉臨床試驗」。

分析：這是一個小型的實驗，僅有十五位接受測試的對象。更重要的是，實驗的結果發現，非晶鈣會提升「分數鈣吸收」（Fractional Calcium Absorption, FCA）。可是，過去的實驗已經發現，FCA 越高，腎結石的風險就越高，請看附錄中這篇 2011 年發表的論文[3]。

總之，就如讀者所懷疑的，這篇文章的確就是在賣藥，而它在文末所附上的網路連結，就是該以色列公司的廣告影片。不可思議的是，該廣告竟然還在影片中聲稱「臨床證實」（clinically proven）。

關立固，關節炎有效？

又隔了一個月的 2018 年 11 月，讀者 JimmyLiu 詢問：請問教授，關立固（活關素 75，乳油木果），是否真的對退化性膝關節炎有效？

「關立固」（FlexNow）一種保健品的名稱，「活關素 75」則是其所含成分，而乳油木果則是用來萃取活關素的果實。我上網搜尋相關資訊時，就看到一篇新聞稿，標題是「退化性關節炎保健新選擇！活關素 75 比葡萄糖胺更有效，重拾膝利人生」。這篇文章是 2018 年 11 月發表在元氣網，作者也是曾俊林，跟前面一段的「非晶鈣」文章作者是同一人。他似乎是保健品公司的御用打手，專門寫「看似關心大眾健康的保健品資訊」。

曾先生的這篇大作有一個小標題「萃取自西非乳油木果，優於葡萄糖胺」。它說：「葡萄糖胺是國內廣為人知的保健品，但近十年的研究陸續發表葡萄糖胺對退化性關節炎無明顯效益……最新研究發現，澳洲公司以全球獨創冷凝超高濃縮技術，自西非乳油木果中萃取活關素 75，2010 年在台上市，短短八年已獲得各大醫學中心專科醫師、藥師及醫護人員推薦使用，包括長青族、勞務工作者、運動員、重視機能保健者皆適合食用，每年累積超過萬名消費者滿意度見證。更於國內某些醫學中心完成臨床研究，證實其效果優於葡萄糖胺，經過檢測發現可讓步態輕鬆、行走自如……」

看到這樣的文章，不禁發出會心微笑。啊！原來你也知道葡萄糖胺無益。2018 年 6 月，元氣網還因為廠商壓迫，而將我的文章下架呢（請看收錄於第一本書的維骨力文章）。但是，活關素 75 就有益嗎？就真的是「優於葡萄糖胺」嗎？這又讓我想起一位醫生轉政治人物的經典名言：「垃圾不分藍綠」。

好，笑夠了，現在可以來檢驗「活關素 75」是否真的有效，是否真的優於葡萄糖胺。此一保健品的原始公司在其官網上有一個叫做「臨床證實」(Clinically Proven)的網頁，它的說法翻譯如下：「超過 30 項具有藥品標準的臨床試驗和研究證明，活關素對關節照顧和管理具有統計學意義和臨床意義的影響。 我們的經驗包括人類、雙盲、安慰劑對照的大學醫院臨床試驗。 您可信賴的專業研究。」

我查看了它所列舉的三十二個所謂的臨床試驗[4]，結果只看到一個是真正的（即經過同僚評審，發表於醫學期刊）。可是，這個真正的臨床試驗，卻偏偏又與關節炎毫不相干，而且也絕非「具有藥品標準」。更有趣的是，在網頁的最下面有這麼一句免責聲明（翻譯）：「這些陳述未經美國食品藥品管理局評估。本產品無意被用於診斷、治療、治癒或預防任何疾病」。所以，讀者 JimmyLiu 先生，您現在應該可以判斷關立固是否有效了吧。

「藻知道」與排毒騙局

2018 年 11 月，讀者王男原來信：覺得自己很幸運，連到你的網站剛好看到維他命的文章，馬上停掉自己吃的螺旋藻。我以為螺旋藻和綠藻是多吃多健康，也曾打電話給藻類食品的廠商詢問，他們說：吃多了不會吸收，頂多代謝掉而已。我吃是因為藻類食品宣稱可以排毒、抗氧化，想請教藻類食品真的有排毒的效果嗎？

首先，我可以告訴讀者，凡是文章、廣告或藥罐上有說某某東西具有「排毒」功效，您就要趕快把它丟到垃圾桶裡，因為它本身就是毒。我曾提過：我真佩服創造「排毒」這個辭兒的人。如此簡單扼要，如此一針見血，如此聳動人心，如此駭人聽聞，如此讓你……荷包失血。接下來引用三位中醫，兩位西醫，指出中醫學和西醫學裡都沒有「排毒」這個辭。「排毒」一辭，完全是有心人士（保健品業者、另類醫學業者）為了騙錢，而創造出來的。

那，既然醫學裡沒有「排毒」這個辭，醫學文獻裡當然也就不會有討論藻類食品是否有排毒功效的論文。所以，要討論這個議題，我也就只能提供一些來自新聞報導和政府的資訊。

在 2011 年 3 月，民視新聞和中視新聞[5]分別報導，有民眾因長期服用綠藻而出現心悸和手抖等症狀。究其原因，是藻類含碘量高，所以導致甲狀腺亢進。2011 年 5 月，蘋果日報報導[6]：

一名男子為補身，每天都吃綠藻營養補充品，結果越吃氣色越差。就醫時肝指數標高，腎臟也壞了，洗腎時竟洗出綠色血液，經檢驗該綠藻含有大量重金屬，引起重金屬中毒，男子花錢沒補到身，卻換來終身洗腎。

林口長庚醫院臨床毒物科主任林杰樑說：「培養綠藻水源若遭微囊藻毒汙染，再萃取成食品，如同陸地致癌物黃麴毒素有肝毒性。尿酸高者吃綠藻更會導致尿酸升高。」在 2011 年 8 月，民視新聞發表「藻類能排毒？醫師批太誇張」，報導說：綠藻、藍藻等藻類的健康食品，近年來很熱門，24日有業者出書，還宣稱藻類能排毒，當場做實驗讓黃水變清水，大大推廣藻類好處。不過毒物專家林杰樑醫師說，藻類排毒很有限，業者過於誇張了。

我想，林醫師是太客氣了，豈止是誇張而已。同一天，TVBS也針對同一保健品業者發表「綠藻排毒？毒水變清水實驗專家破解」[7]。它說：

一位男子自稱綠藻專家，宣稱綠藻能排毒，不但出書，還公開做實驗，將鐵離子倒入水中，透明的礦泉水立刻變黃，然後再加入綠藻粉，黃水又變回清水。作者說，這代表重金屬被綠藻帶走了，換作人體內的毒素，一樣有效。

不過，毒物科專家認為，鐵離子經過化學反應，顏色也會改變，無法證明綠藻能夠解毒。但翻開作者的書中，字裡行間提到「微藻」能夠抑制癌細胞增生，但綠藻類算是健康食品，如何抑制癌症？個人體質、綠藻份量比例或成效，都必須有衛生機關核可的研究，消費者必須仔細思考。

看完這段我想請問，您的身體就像是裝了水的杯子一樣嗎？另外，此一保健品業者也經常在一些所謂的健康知識節目置入推銷其藻類產品，電視台因此遭到國家通訊傳播委員會的罰款。例如，在 2016 年 11 月，TVBS 的「健康好生活」遭罰四十萬；2016 年 12 月，華視的「生活好簡單」遭罰十五萬；2018 年 8 月，年代的「健康好自在」遭罰二十萬[8]。總之，就如這位保健品業者那本書的標題所暗示，藻知道，您就不會花冤枉錢，甚至還損害自己的健康了。

林教授的科學養生筆記

- 有關「非晶鈣」的研究論文共有二百四十七篇，但卻只有兩篇可以說是與骨頭相關（由同一團隊發表）
- 「非晶鈣」會提升「分數鈣吸收」（FCA），可是，過去的實驗已經發現，FCA 越高，腎結石的風險就越高
- 號稱對退化性關節炎有益的活關素 75，其列舉的三十二個所謂的臨床試驗，只有一個是真正的經過同儕評審，發表於醫學期刊。而這個真正的臨床試驗，卻偏偏又與關節炎毫不相干，也絕非具有藥品標準
- 醫學裡沒有「排毒」這個辭，醫學文獻裡當然也就不會有討論藻類食品是否有排毒功效的論文，「排毒」一辭，完全是有心人士為了騙錢，而創造出來的

壯陽食補與藥物的風險

#勃起、偏方、隱藏成分、威而鋼、西地那非、心臟病

我從事研究「勃起功能」及「勃起功能障礙」二十多年，發表過上百篇相關醫學論文。我也是《性醫學期刊》（Journal of Sexual Medicine）以及「歐洲性醫學會」（European Society for Sexual Medicine）的評審委員。所以，許多鄉親朋友常會問我吃什麼東西可以壯陽。但實在很抱歉，我從事的是嚴肅的醫學研究（分子生物、基因治療、幹細胞），而不是什麼食療或八卦花絮之類的，所以愛莫能助。不過，2017 年 11 月，我收到一封來自知名醫療資訊網站 WebMD 的電郵。它提供了有助勃起功能的十一種食物[1]。

號稱有助勃起功能的食物，僅供參考

我的忠實讀者應當知道，我一向對於「某某食物有助某某健康」，持懷疑或保留的態度。之所以如此，是因為絕大多數此類言論，是缺乏科學根據。畢竟，臨床研究是需要花大錢（幾千萬，甚至數十億美金）。但是有多少種食物，是值得花這樣的錢來證實它們對健康有益？譬如，地瓜常被說是什麼抗癌第一，但一顆地瓜才幾分錢美金，有誰會提供經費做這樣的臨床試驗？（請看上一本書的地瓜文章）

所以，**絕大多數「某食物有助健康」的說法，也就只是從食物的營養成分來「推理」該食物是否「可能」對某生理功能有益。但是，推理是一回事，「證實」可是完全另一回事。甚至有可能，推理說是有益的，證實卻是有害的**。只不過，在名或利的驅使之下，明明只是推理，也會被說成是真理，地瓜就是典型的例子。不管如何，既然這麼多人對壯陽食物有興趣，我就將這篇 WebMD 文章的重點（所謂重點，指的是食物與其個別的壯陽營養素，如果原文有提供的話），節錄如下：

1. 西瓜（番茄紅素是抗氧化劑）
2. 蠔（鋅可增加男性荷爾蒙）
3. 咖啡（咖啡因可增加血液流量）
4. 黑巧克力（黃烷醇可增加血液流量、降血壓、增加一氧化氮）
5. 堅果（精氨酸可增加一氧化氮）
6. 果汁（例如葡萄和石榴可增加一氧化氮）
7. 大蒜（大蒜素有益心血管）

8. 魚（例如鮭魚，有豐富的 omega-3）
9. 綠色葉菜（例如羽衣甘藍，可增加一氧化氮）
10. 辣椒（可增加血液流量、降血壓、降膽固醇）
11. 橄欖油（可增加男性荷爾蒙、降低壞膽固醇）

免責聲明：上面列舉的「有助勃起功能的食物」，並非本人意見。如果有效，煩請告知；如果沒效，恕不負責。

壯陽藥暗藏的危險

說完了壯陽食補的可信度並不高之後，接下來說壯陽藥的風險和注意事項。2016 年 8 月，我收到一整排（大約二十封）由美國食品藥物管理局（FDA）寄來的電郵，標題都很相似，其中一封特別顯眼，因為標題有中文，而且是「一炮到天亮」。打開那封電郵，如我所料是在說 FDA 抽檢國際郵包時，發現壯陽藥「一炮到天亮」暗含「西地那非」(Sildenafil)，也就是西藥威而鋼（Viagra，大陸俗稱「偉哥」)。

我又打開另外三封電郵，一樣發現是在說所謂純天然植物藥方的壯陽藥，裡面都暗藏「西地那非」。以此類推，剩下的電郵，也就不用打開了。偷藏藥方成分當然是違法。只不過，做為一個消費者，你會在乎它是否違法，還是它能不能讓你一炮到天亮？你的選擇如果是後者，那你有可能就會一炮到天堂。

「西地那非」之所以有壯陽功效，是因為它能促進陰莖海綿體放鬆，增加血液流入，引發較高度的勃起。可是，它也能促進一般血管放鬆，降低血壓。所以，如果你本來就有在吃對抗高血壓的藥，那你又在不知不覺中吃了「西地那非」，那就有可能會因為血壓過低而致命。另外，威而鋼的說明書裡也會警告，如果你有心臟病，就要徵求醫師的意見。但是，很顯然，暗藏「西地那非」的壯陽藥是不會提供這樣的警告。

那，為什麼有心臟病就需要徵求醫師的意見？因為一個有病的心臟，可能無法負荷性愛時劇烈的運動。其實，如果你自己知道有心臟病，也許就有自知之明，會量力而為。怕的是，如果你有隱藏的心臟病，那才是真的危險。

很不幸的是，勃起功能障礙已被發現，是心臟血管疾病的「前驅」。也就是說，如果你有勃起功能障礙，那你就有較高的心臟病風險。當然，到底有多少人因為這樣而死亡，是無法得知的。畢竟，死人不會說話，而性伴侶也不可能說出去。但不管如何，真的要小心，要不然，你可能會爽死了。

天然草藥不等於無害

發表了前文之後，有兩位讀者提問，一位給意見。他們關心的都是藥物（草藥或合成藥）是否有毒或不良副作用。提問中有一段：「……可是廣告內容說它們的純草藥無副作用……」

純草藥就無副作用？其實，這也難怪：「天然就是好、天然就是安全」這種觀念早已深植人心。就像是問他們為何選擇有機食物一樣，也是因為「天然就是好」。在這裡，請讓我再度懇求讀者，一定要徹徹底底地去除天然就是好這一極度危險的觀念。聽過中藥馬兜鈴吧，可參考「台灣中醫藥資訊網」，看看這篇文章，標題是「認清馬兜鈴酸、藥物毒性，以正確使用中藥」[2]。其他高度危險的草藥，更是多不勝數[3]。

至於西藥，當然也是危險，只不過西藥上市需要通過臨床試驗及重重把關，而藥廠也必須依法把危險因子公諸於世。所以，相對地，西藥是較安全。但是，不管是中藥還是西藥，我個人的原則是，能不吃就不吃。所以，當我在前幾天的台灣電視新聞，看到一個個消費者提著大包小包的藥，真是好笑又難過。

罷了，還是來談談威而鋼的副作用，最常發生的是：面紅、鼻塞和頭痛，也可能會有胃腸不適、耳鳴和無法區分綠色及藍色等問題。也就是說，除了如前一篇文章所說的血壓及心臟的問題（不算是副作用），威而鋼其實是蠻安全的。但是，如有需要最好還是去看專科醫師。畢竟，威而鋼不見得就是唯一的選擇，或是最適當的選擇。如果貿然自作主張，可能會得不償失。

林教授的科學養生筆記

- 絕大多數「某食物有助健康」的說法，只是從食物的營養成分來推理該食物是否「可能」對某生理功能有益。但是，推理是一回事，證實是完全另一回事。甚至有可能，推理說是有益的，證實卻是有害的
- 天然就是好，是一個極度危險的觀念，天然界其實有很多劇毒的物質，請讀者務必注意
- 威而鋼的副作用，最常發生的是：面紅、鼻塞和頭痛，也可能會有胃腸不適、耳鳴和無法區分綠色及藍色等問題

空汙危機的運動風險

#散步、心肺、紙錢、運動

一位住在台中的朋友常被老婆嘮叨：「你都不運動，肚子那麼大。」他回嘴：「空汙這麼嚴重，運動會早死」。在空汙下運動，真的會早死？另一位住台北的朋友，總是盡量安步當車，認為這樣既環保又健康。但是，儘管每天走一、二十公里，他的血壓卻是居高不下（150 左右）。我給他的建議是，空汙太嚴重，還是搭車好了。

空汙下運動，對心肺有害

先來看兩篇與空汙相關的研究。2017 年 12 月 26 號發行的《美國醫學會期刊》（JAMA）刊載一篇研究報告，標題是「短期暴露於空氣汙染與年長者死亡率之間的關聯」[1]。結論：短期暴露於空氣汙染顯著地提高死亡率。美國的空汙標準需要修改得更嚴格。

2017 年 12 月 5 號的醫學期刊《柳葉刀》刊載研究報告，標題是

「在六十歲及以上慢性肺部或心臟疾病患者和年齡匹配的健康對照者中，在交通汙染道路上行走的呼吸和心血管反應與步行在無交通區域相比：隨機、交叉研究」[2]，結論：在倫敦的海德公園步行對心肺有益，在倫敦的牛津街步行對心肺有害。

再來看一篇 2015 年 5 月 1 日發表的研究報告，標題是「通勤方式對台灣台北市青年人空氣汙染暴露及心血管健康的影響」[3]，結論：步行通勤者空汙（PM2.5）暴露最高，心血管不良影響最大。

這項台灣的研究發表後受到媒體的關注，但有些報導並不正確。例如《蘋果日報》的報導「空汙損心臟，走路族多七倍」[4]。其中有這麼一段：「另發現 PM2.5 對步行者心跳速率影響最大，心跳變慢幅度居冠，分別約比捷運族、開車族、公車族高出七點六九倍、九成七、五成五。莊凱任昨解釋，心跳變慢代表自主神經控制心跳的能力下降，猝死風險也提高。」

心跳變慢，猝死風險變高？這是哪門子醫學邏輯？原來，是把「心跳速率變異性」誤會成「心跳速率」。我們的心臟並不是以恆定的頻率跳動，每分鐘六十次的心跳，並不等於每秒跳動一次。有時是 0.9 秒，有時是 1.2 秒……等等。這就是所謂的「心跳速率變異性」。它是與「心跳速率」截然不同的。事實上，做為心臟健康指標，這兩個數值的意義是正好相反：越健康的心臟，「心跳速率」就越低，「心跳速率變異性」就越高。

台灣的那篇研究報告發現，步行通勤者空汙暴露最高，「心跳速率變異性」最低。所以，蘋果日報的那篇報導，實在是……（其他幾家報紙也一樣烏龍）。不管如何，上面所提到的三篇研究報告都指出，在空氣品質不好的情況下，最好還是不要做運動。

金紙銀紙，弊俗當止

講完空汙對於人體有很大的影響後，我還有些話想跟讀者分享。近年來由於家庭因素，往往是在三、四月間回台，正逢清明時節，喜憂參半。喜的是有幸能探親祭祖聊盡孝道，憂的是到處都是正在焚燒的金紙銀紙，不幸讓身心健康俱受重創。2018 年這一次最嚴重的，每一口氣只敢吸到三分之一，心裡直吶喊：真是要我老命啊。

儘管整個呼吸道總動員，粘膜加班趕工增產報國，卻還是敵不過那左鄰右舍日以繼夜的「熏陶」。台灣的新聞節目也跟這民間習俗一樣，一再重演。受訪民眾還是那句「不燒總覺得怪怪的」。

唉，不是怕得肺癌嗎，不是怕得心臟病嗎，不是怕得中風嗎。這些可都是已被證實的空汙效應啊！請看附錄的世界衛生組織資訊（WHO）的文章[5]。那，難道它們沒有比「覺得怪怪的」來得切身，來得嚴重？

還有，把珍貴的紙大把大把的燒掉，要砍掉多少樹啊！最諷刺的莫過於 2017 年此時的這條新聞「世界地球日，小英發空汙宣戰文，盼燒金紙習俗與時俱進」。與時俱進，是一年燒得比一年多嗎？怪不得今年燒得比去年更旺。總統的宣戰文書還真管用吶。

看看對岸吧，十幾億人，有人敢說「不燒總覺得怪怪的」嗎？幾十年了，人家那邊陽世子孫一張銀票也沒貢獻，但是，有聽說他們的老祖宗半夜回家哭窮嗎？人家還不是照樣過活，子孫還不是照樣繁衍，有什麼好覺得怪怪的？唉，說穿了，還不就是吃軟怕硬，軟土深掘。政客們如果言行一致真反空汙，就應當立法禁止製造和販售金紙銀紙。老祖宗才不稀罕那幾張偽鈔呢，更何況還是燒成灰的。最起碼，總統的宣戰文也應當是「與時俱減」，才對吧。

最後提醒，沒有任何科學證據顯示，焚燒偽鈔對老祖宗的處境有任何幫助；反之，有充分科學證據表明，焚燒偽鈔對您的健康有極負面影響。

林教授的科學養生筆記

- 目前的科學報告都是指出：在空氣品質不好的情況下，最好還是不要做運動
- 焚燒紙錢，既浪費樹木資源，又造成空汙和健康問題，希望讀者可以思考如何廢除陋習

抗空汙食物，青花菜芽

#芽菜、綠花椰、萊菔子素、苜蓿

寫完空汙時該避免在戶外運動的文章之後，有位讀者希望我整理「對抗空汙和 PM2.5 的保護肺的營養素」，並附上一篇元氣網的文章「遠離空汙傷害，營養師教你吃這些蔬果」[1]。這篇文章「教」你吃的這些蔬果，其實也就是一些老生常談的東西，例如綠色蔬菜、草莓、柑橘、蔥蒜等等。也就是說，文章所謂的抗空汙食物，在大費一番唇舌之後，其實也就是「蔬果」，嗯……簡單、明瞭、易懂。

二十年前的青花菜芽熱潮

但是，我覺得讀者的知識水準應當不只於此。所以，本篇要給讀者的功課是稍有挑戰性的「青花菜芽」（Broccoli sprouts）。青花菜就是英文的 broccoli，在臺灣也叫做綠花椰菜，在大陸則叫做西蘭花。青花菜芽指的是用青花菜種子所培養出來，發芽三到五天的芽菜。

別看它身材嬌小，此物在 1997 年可曾夯到不行，造成全球青花菜種子供應短缺，害得大家差點沒青花菜可吃。原因很簡單：約翰霍普金斯大學的研究人員在當年發表了一篇論文，標題是「青花菜芽：一個對抗化學致癌物的酶誘導劑異常豐富的來源」[2]。

《紐約時報》立刻報導了這篇論文，標題是「研究人員在青花菜芽中發現一種高濃度的抗癌物質」[3]。顯然，大家一聽到「抗癌物質」，就為之瘋狂。二十年過去了，這份狂熱，當然也已經消退得快無影無踪。

但是，就「抗空汙食物」而言，青花菜芽仍然是最有具體科學證據的（不似「蔬果」那樣只是說說而已）。那篇研究論文及紐約時報所提到的抗癌物質叫做「萊菔子素」（glucoraphanin），而此一物質在青花菜中也有，只不過其濃度遠遠低於青花菜芽中的含量（約二十分之一）。這也就是為什麼研究論文的標題會特別提到「異常豐富的來源」。

當青花菜或青花菜芽被咀嚼時，「萊菔子素」會轉化成「蘿蔔硫素」（sulforaphane），而蘿蔔硫素就會在我們的細胞裡引發一系列的生化反應，包括激活許多抗癌及抗炎的基因。有關青花菜芽的醫學論文目前共有一百五十八篇，而其中兩篇是直接關係到空汙的臨床報告：

一、2014 年 1 月發表的論文是出自加州大學洛杉磯分校，標題是「富含蘿蔔硫素的青花菜芽萃取物降低對柴油廢氣顆粒的鼻過敏反應」[4]。就如標題所示，這項研究發現飲用青花菜芽汁（共四天），可以減緩鼻子對柴油廢氣的過敏反應（以及炎症）。

二、2014年8月發表的論文出自約翰霍普金斯大學，標題是「青花菜芽飲料對空氣汙染物的快速和可持續的解毒作用：在中國進行的一項隨機臨床試驗的結果」[5]。這項研究最有趣的發現是，遭受空汙的人在喝了青花菜芽汁十二週之後，他們尿液中測出的有毒化合物有明顯的上升。也就是說，青花菜芽汁具有「排毒」的功效。

這一發現，在當年曾被各大媒體廣泛報導。不過，隨著歲月過去，青花菜芽風華已不再。不管如何，讀者如想嘗試，請記得一定要生吃。因為，前面提到的「萊菔子素會轉化成蘿蔔硫素」，是需要「黑芥子酶」（myrosinase）來催化，而此酶會被烹飪破壞。

另外，由於芽菜栽培容易被病菌感染，所以在生吃前一定要徹底清洗（請看下一段）。還有青花菜芽是出名的苦，如果要打成汁飲用，可能有必要將其混入味道較強的果汁中（如芒果汁）。希望這篇文章對躲不開空汙的人，稍有幫助。

生吃芽菜的風險：細菌汙染

接續生吃芽菜需要清洗乾淨的話題，在 2017 年 8 月，美國 FDA 發布一份長達二十八頁的文件，標題為「FY2014- 2016 年微生物採樣作業摘要報告：芽菜」[6]。

芽菜的種類很多，除了青花菜芽，還有苜蓿、蕎麥、三葉草、綠豆和大豆。由於它們是「幼齒的」，所以被認為具有返老還童的保健功效。我剛來美國時，看到沙拉吧裡各式各樣的芽菜，覺得很不可思議，覺得這種東西怎麼可以生吃！

可是，沒想到，才過一兩年自己就已轉化成生吃芽菜的老饕（純粹喜歡其風味和口感，與養生無關）。更沒想到的是，這幾年回台時，赫然發現，台北的一家素食餐館竟然提供比美國還更多樣的芽菜選擇。

可是呢，我雖然很喜歡生吃芽菜，卻不敢多吃，總是在盤中點綴一下而已。為什麼？怕細菌汙染。由於培植芽菜需要溫暖、潮濕、養份豐富的條件，這樣的環境也就成為細菌滋長的溫床。根據 FDA 的這份報告，從 1996 年至 2016 年 7 月，美國共爆發了四十六次因食用芽菜而發生的疫情。而在這四十六次疫情裡，共發病二千四百七十四例，住院一百八十七例，死亡三例。

FDA 從三十七個州，波多黎各和哥倫比亞特區共採集了八百二十五份樣品。結果發現，大多數受汙染樣品是來自少數幾家養殖場。更精確的說，在九十四家養殖場中，只有八家的樣品有汙染的現象，而在所有十四個受汙染的樣品中，有十個是來自四家養殖場。汙染的細菌以沙門氏菌最多，李斯特菌其次，大腸桿菌為零。FDA 的這份報告主要是總結他們的調查工作，以及他們如何對芽菜養植業的控管，希望藉此達到保護消費者的目的。也就是說，這份報告並非是給消費者的建議或指導。

儘管如此，這份報告多少透露著這麼一個信息，那就是，生吃芽菜，基本上是安全的。在一個叫做「食物安全」（Food Safety）的政府網站，有一篇針對芽菜安全的文章[7]，文章建議老人、小孩、孕婦以及免疫功能較差的人，應避免生吃芽菜。所以，喜歡生吃芽菜若我者，最好還是點綴一下就好。

林教授的科學養生筆記

- 就「抗空汙食物」而言，青花菜芽仍然是最有具體科學證據的，不過生吃芽菜要注意細菌感染，須澈底清洗
- 由於培植芽菜需要溫暖、潮濕、養份豐富的條件，這樣的環境也就成為細菌滋長的溫床。老人、小孩、孕婦以及免疫功能較差的人，應避免生吃芽菜

銀杏的醫學功效，最新報告

#銀杏果、銀杏葉萃取物、失智、血栓、失憶、阿司匹林

我在上一本書的文章〈阿斯匹林救心法〉中，曾警告不可擅自停用阿司匹林，否則會有心臟病的風險。阿司匹林的功能是抑制血小板活化，從而防止血栓的形成。一旦突然被停用，血小板會快速激活，從而促進血栓的形成，造成所謂的心肌梗塞，或血栓性中風，這就是所謂的「阿司匹林反彈」。2018 年 3 月，讀者 smallpan 回應：據我所知，銀杏也可以預防血栓，那銀杏也有所謂的「反彈」嗎？

銀杏的醫學定義與血栓反彈

要回答這個問題，需分幾個階段。首先，讀者需要了解「銀杏」所指為何。就醫療用途而言，銀杏指的是「銀杏葉萃取物」。另外，銀杏也可以是「銀杏果」（俗稱「白果」，是銀杏種子裡的肉），但銀杏果主要是用來做為食材，只偶爾會用來做為藥材（如止咳平喘）。

用於醫療用途，「銀杏葉萃取物」主要是用吃的，但也有注射針劑。我相信讀者要問的是口服型的，所以接下來所要討論的，全都是有關口服型的「銀杏葉萃取物」。

「銀杏葉萃取物」裡最主要的藥理成分有兩大類：「黃酮類」（代表性化學分子是銀杏黃酮 Ginkgetin），和「二萜類」（代表性化學分子是銀杏內酯 Ginkgolide）。這兩類物質都有類似阿司匹林的抑制血小板活化（或防止血栓形成）的功效。有興趣的人可以去附錄看這兩篇文章：2014 年〈銀杏內酯的抗血小板作用〉[1] 和 2015 年〈銀杏葉萃取物通過抑制 Akt 抑制血小板活化〉[2]。

所以，如果說銀杏被發現有「反彈」效應，我是一點也不會覺得意外。只不過，目前並沒有這樣的報導。所以，我無法給讀者一個確切的答案。不管如何，我必須指出，有一項在 2010 年發表的大型臨床調查得到這樣的結論[3]：沒有證據表明銀杏降低總死亡率或心血管疾病死亡率或心血管疾病案例。也就是說，雖然銀杏有防止血栓形成的功效，但它卻不能降低心血管疾病的風險，這一點是與阿司匹林很不相同的。

美國的「國家補充和綜合健康中心」（National Center for Complementary and Integrative Health）有提供有關銀杏的醫療資訊[4]：

「沒有確鑿的證據表明銀杏對任何健康情況有幫助」。所以，不管反彈與否，想要用銀杏來預防心臟病或中風的人，需要三思。

銀杏防治失智的研究，目前沒有好的證據

本書編輯在看完銀杏文章後詢問：「教授，一般人好像更關心銀杏預防失憶或是失智的效果，甚至變成一種流行語，每當有人忘記事情就會說自己需要吃銀杏了，是否可以解釋銀杏與失智的科學關係呢？」

其實，我在上一段文章寫了這麼一句話：美國的「國家補充和綜合健康中心」有提供有關銀杏的醫療資訊，它說「沒有確鑿的證據表明銀杏對任何健康情況有幫助」。還有，在我發表的另外一篇阿滋海默的預防文章中也說：根據三十八個臨床試驗的結果，沒有任何非處方藥可以預防阿茲海默病。這包括 Omega-3 脂肪酸、銀杏葉、葉酸、胡蘿蔔素、鈣和維他命 B、C、D、E。

當然，我在這兩篇文章裡只是順便提一下，銀杏之用於防治失智，而這兩篇文章也都可以算是「舊資料」了。所以，今天就來寫一篇既是專注又是新資的文章。首先，請看以下這兩則報導：

一、記憶補充劑（memory supplement）已經是可疑的，有些甚

至不含正確的成分：銀杏補充劑是否能幫助記憶本已經存疑，現在「美國政府問責局」更發現有些銀杏補充劑僅含少量，或不含銀杏成分[5]。

二、港售十四款銀杏葉丸不合標準：香港消費者委員會最近測試市面十四款聲稱可治療癡呆症的銀杏葉丸，發現全部樣本不但未能符合世界衛生組織定下的標準，效果成疑，當中更含有可能產生頭痛、腸胃不適等副作用的銀杏酸成分，較標準超出十六至七百倍不等[6]。

從這兩則報導可以得知，銀杏補充劑的品牌繁多，而有些根本就不含銀杏成分，甚至有些還含有害成分。所以，在我討論銀杏防治失智的科學證據之前，讀者就必須先認清，縱然有好的科學證據，也不代表你吃到的銀杏補充劑就會有防治失智的功效。

在眾多品牌中，研究做最多也最嚴謹的是「達納康」（Tanakan）。它的成分是一個叫做 EGb 761（註冊商標）的製劑，而此製劑也叫做「標準化銀杏葉萃取物」。從這個名字就可以看出，此一品牌的成分是眾多銀杏補充劑中的「標準」。

達納康是由一家叫做「益普生」（Ipsen）的法國公司開發和販售，所以很多研究是由益普生資助。在 2012 年有一個由益普生資助的大型臨床研究在頂尖的醫學期刊《柳葉刀神經學》（Lancet Neurology）

發表，標題是「長期標準化銀杏萃取物對於阿茲海默的預防：隨機安慰劑對照試驗」[7]，其結論是：與安慰劑相比，長期使用標準化銀杏葉萃取物並未降低阿茲海默病進展的風險（注意：此種會傷害贊助商的結論，可信度當然就很高）。

在同一年，益普生發布一份新聞稿，宣布達納康已被法國政府從健保給付名單中除名，原因是「藥效不明」[8]。也就是說，這個業界的「黃金標準」，已被證實功效與安慰劑相同。

我在前面提到的美國「國家補充和綜合健康中心」，是在 2017 年 3 月 10 日最後更新，而它還是維持銀杏無法防治失智症的說法。我在這一個禮拜來所做的搜尋，也沒看到有更新的臨床研究說 EGb 761 能防治失智症。事實上，我看到哈佛大學[9]、阿茲海默病醫藥研發基金會[10]、梅友診所[11]等較有信譽的醫療機構，也都不建議使用銀杏補充劑。

可是，台灣卻有一位所謂的「名醫」竟然在 2018 年 11 月說[12]：「銀杏不僅可用來預防、治療阿茲海默症、失智等腦部疾病，對一般人也有幫助。因為即使沒有罹患阿茲海默症、失智等腦部疾病，人體循環到大腦的血流，也會隨著年齡增加而逐漸減少，如果減少得太多（也就是大腦血流量不足），就會造成記憶力減退甚至其他認知功能障礙。」這，大概就是為什麼「忘記事情要吃銀杏」會變成流行語的原因之一吧。

林教授的科學養生筆記

- 就醫療用途而言，銀杏指的是「銀杏葉萃取物」，與偶爾會用來做為藥材（如止咳平喘）食材銀杏果（白果）並不相同
- 目前，有信譽的醫療機構，都是抱持銀杏萃取物無法防治失智症的說法，而且銀杏補充劑的品牌繁多，有些根本就不含銀杏成分，有些還含有有害成分。縱然有好的科學證據，也不代表你吃到的銀杏補充劑就會有防治失智的功效
- 美國的國家補充和綜合健康中心：沒有確鑿的證據表明銀杏對任何健康情況有幫助

2-8 缺鐵、憂鬱症與寂寞

#鐵質、貧血、鐵蛋白、寂寞、交誼

讀者 Para 在 2019 年 1 月詢問：這篇文章「焦躁、情緒低落……別以為問題都在壓力！精神科醫師：關鍵在缺少這種營養素」中的醫生說得斬釘截鐵，（日本）女性的某些心理問題（憂鬱症、恐慌症）跟缺鐵有很大關聯。我的朋友常常情緒低落、憂鬱和恐慌，我在想要不要請她補充鐵質。可以麻煩您看看這篇文章有多少科學基礎呢，謝謝。

缺鐵造成憂鬱症？

讀者傳的是一篇 2019 年 1 月發表在元氣網的文章，作者是「良醫健康網」。標題中有「關鍵在缺少這種營養素」，這種營養素是什麼見不得人的東西，需要這樣故弄玄虛？

原來，這個關鍵營養素是再稀鬆平常不過的「鐵」，所以，把它明擺在標題裡，文章怕就沒人要看了。不管如何，這篇看似健康資訊的文章，實際上是在替一本書做廣告。這本書翻譯自日文，2018 年 11 月出版，書名是「缺鐵：吃對鐵遠離憂鬱症、恐慌症」。

本書作者「藤川德美」的拼音是 Tokumi Fujikawa，我用這個名字做搜索，結果找到二十六篇醫學論文，都是心理科的，但沒有一篇是跟「鐵」有關的。那，這就奇怪了。如果作者在這本「缺鐵」的書上所講的是有科學根據，為什麼沒有將它發表在醫學期刊呢？

好吧，我們先來看此書在博客來網站的「內容簡介」裡的第一句話：「十個女性九點九個患有貧血！」。真的嗎？ 99% 女性患有貧血？根據目前的最新資料（2013 年），全球懷孕女性的貧血率是 29%，非懷孕女性的貧血率是 38%[1]。

那，不論是 29%，還是 38%，是不是都與 99% 相去甚遠？接下來，我們來看書裡所講的，有關「鐵蛋白」的那句話：「歐美是將鐵蛋白值 100ng/ml 以下視為缺鐵，按照歐美的標準，那麼有 99% 日本女性皆處於缺鐵狀態」。

可是，我搜盡醫學文獻，就是沒看到任何「100ng/ml 以下視為缺鐵」的說法。為了節省篇幅，我就只引用一篇 2017 年發表的論文裡的一句話，翻譯如下：「雖然實驗室之間可能存在一些差異，但通常認為鐵蛋白值的正常範圍是 30-300ng/ml」[2]。由此可見，藤川德美所說的「歐美是將鐵蛋白值 100ng/ml 以下視為缺鐵」，是自己編造出來的。

至於缺鐵或鐵蛋白值過低會造成憂鬱症的說法，的確是有一些根據，但並非所有研究都同意，例如下面這三篇論文就不支持：

一、2011 年論文，標題是「日本市政僱員血清鐵蛋白濃度與憂鬱症狀的關係」，結論：在女性身上沒有發現憂鬱症與血清鐵蛋白濃度有顯著關聯[3]。

二、2015 年論文，標題是「憂鬱症嚴重程度與重度憂鬱症患者缺鐵性貧血的關係」，結論：憂鬱症狀與血清鐵蛋白水平之間無顯著相關性[4]。

三、2016 年論文，標題是「中國成人血清鐵蛋白濃度與憂鬱症狀的關係：天津市慢性低度系統性炎症和健康（TCLSIHealth）隊列研究的人群研究」，結論：中國成年人血清鐵蛋白濃度與憂鬱症狀之間無顯著相關性[5]。

所以，在醫學界還無法確定鐵蛋白是否與憂鬱症有關聯性的情況下，就出書鼓吹缺鐵會「造成」憂鬱症，是違反醫學倫理的。更何況，作者還故意把鐵蛋白的最低正常值從 30 調到 100，顯然存心加強誤導。

還有，既諷刺又可笑的是，作者說了這麼一句話：「至於沒有將焦點放在營養上、沒有實踐營養療法的醫師，我認為或許是因為不夠用功而致使醫術停滯不前」。哈！不夠用功？如果藤川德美本人夠用功的話，就不會（不敢）寫這本書了。

寂寞是嚴重的流行病

談了缺鐵會造成憂鬱症還有爭議之後，來聊聊另外一種越來越嚴重的「流行病」：寂寞。根據最新的（2010 年）美國人口普查，每四個美國人就有一個是獨居的。而根據美國退休人士協會（AARP）在 2010 年所做的調查，所有四十五歲以上的美國人裡，每三個就有一個是寂寞（實際比例是 35%，幾乎四千三百萬人）[6]。

這項調查也發現，寂寞的人對自身的健康狀況較少有正面的評估。實際數據顯示，每四個寂寞的人，只有一個認為自身的健康良好，而相對地，不寂寞的人裡，超過一半（55%）認為自身的健康良好。

2017 年 8 月，美國心理協會（APA）在首都華盛頓舉行年度會議。席間，楊百翰大學的心理學教授茱莉安・霍爾特・倫斯塔德（Julianne Holt-Lunstad）發表了兩項有關「寂寞與健康」的大型分析結果[7]。

在第一項分析裡，共有一四八篇相關的研究報告被納入，而這些研究報告所涵蓋的調查對象多達三十多萬人。分析的結果是，寂寞的人比不寂寞的人，早死的風險高出五成。在第二項分析裡，共有七十篇相關的研究報告被納入，而這些研究報告所涵蓋的調查對象多達三百四十多萬人。分析的結果是，寂寞的人比肥胖的人有較高早死的風險。

由此可見，當人人都在講究飲食，注重運動之際，我們卻忽略了人與人之間互相溝通的重要性。事實上，我曾說過「如果真的想要預防失智，就多做運動，多和朋友聊天，唱唱歌跳跳舞，快快樂樂過日子，不要再去煩惱維他命吃得夠不夠。」雖然該段文章所針對的是失智症，但其實「多和朋友聊天、唱歌、跳舞」的建言是可以普及到所有與年紀漸長相關的毛病。

說得更明白點，想要有健康的身體，除了飲食和運動之外，也要多做交誼的活動。這三者的重要性可以說是各佔三分之一，不相上下。說到這裡，我誠摯地感謝身邊眾多的朋友，是你們賜予我百分之百的健康。

林教授的科學養生筆記

- 「缺鐵」或「鐵蛋白值過低」會造成憂鬱症的說法，的確是有一些根據，但並非所有研究都同意，所以還有爭議
- 想要有健康的身體，除了飲食和運動之外，也要多做交誼的活動。這三者的重要性可以說是各佔三分之一，不相上下

鎂的吹捧與空腹不能吃的食物

#香蕉、菠菜、杏仁、糙米

讀者 Esther 在 2019 年 4 月回應：林教授，我來自馬來西亞古晉，謝謝你的網站，解答了我不少的疑問。請問教授，鎂的補充是否如這本健康書中所說般的神奇？

缺鎂，健康災難的開始？

讀者提供的書，叫做《鎂的奇蹟：未來 10 年最受矚目的不生病營養素》（The Magnesium Miracle）。書的封面文案還說「缺鎂，是健康災難的開始」。怎麼樣，夠不夠聳動，夠不夠顛覆！這本書中文版上市日期是 2015 年 11 月，作者是卡洛琳．狄恩（Carolyn Dean）。該書所列舉的「缺鎂健康災難」包括：失智、阿茲海默症、自閉症、過動症、癌症、心臟病、糖尿病、經痛、不孕症、腦性麻痺、胃酸逆流、失眠、憂鬱症、纖維肌痛、不雅的體味、便祕、運動傷害、骨質疏鬆、蛀牙、中風後遺症、氣喘。

可是，如果補充鎂這麼一個稀鬆平常的東西，就能預防或治療這些病，那多少醫院要關門，多少醫生會失業，而您是不是再也不用花大錢買一大堆保健品了？如果卡洛琳．狄恩是如此救世濟人的活菩薩，我們是不是應該頒二十個諾貝爾獎給她？只不過很可惜，卡洛琳．狄恩從未發表過任何有關鎂的研究論文，所以諾貝爾委員會是不可能會頒獎給她的。

一般人不可能缺鎂

鎂，是一個無所不在的礦物質，不論是土壤、飲水或食物，都含有大量的鎂。事實上，還有人花大錢，想盡辦法要把鎂從飲水中除去（請看本書 193 頁）。也有人散佈謠言說空腹不可以吃香蕉，因為這樣就會突然間攝入過量的鎂（請看下一段）。所以，您想想看，有多少人會因為缺鎂而遭受健康災難？

美國的國家健康研究院設有一個「膳食補充劑辦公室」（Office of Dietary Supplements），專門提供有關膳食補充劑的資訊，而有關鎂的網頁有一個圖表（右頁）列舉了常見食物的鎂含量[1]。其中，三十克的杏仁、半杯煮熟的菠菜或是一杯糙米飯，就各含有約八十毫克的鎂。也就是說，一個成人只要吃這三樣食物這樣的分量，就已

常見食物含鎂量

食物	每份含鎂量（mg）	成人每日所需佔比 %
1. 乾烤杏仁 30 克	80	20
2. 半杯水煮菠菜	78	20
3. 30 克乾烤腰果	74	19
4. 1/4 杯油烤花生	63	16
5. 穀類、小麥碎、兩大片餅乾	61	15
6. 豆漿一杯，原味或香草	61	15
7. 半杯熟黑豆	60	15
8. 熟毛豆半杯	50	13
9. 兩湯匙花生醬	49	12
10. 全麥麵包兩片	46	12
11. 一杯切碎酪梨	44	11
12. 帶皮烤馬鈴薯 105 克	43	11
13. 糙米飯半杯	42	11
14. 低脂無糖優格 40 克	42	11
15. 早餐麥片	40	10
16. 即食燕麥一包	36	9
17. 罐頭腰豆半杯	35	9
18. 中型香蕉一根	32	8
19. 養殖鮭魚 90 克	26	7
20. 一杯牛奶	24-27	6-7

資料來源：Office of Dietary Supplements

經達到一天所需鎂量的六成左右。而如果再加上一小塊鮭魚（九十克，二十六毫克鎂），一根香蕉（三十二毫克鎂），二百四十克優格（四十二毫克鎂）和一杯豆漿（六十一毫克鎂），就超過一個成人一天所需鎂的量。

除此之外，這個網頁還說，我們的腎臟有非常好的機制來確保身體含有足夠的鎂（即會限制鎂從尿液中排出），所以一般人是不可能會缺鎂的。那，為什麼這本《鎂的奇蹟》會說這世界上所有人都缺鎂？唯一的解釋是，這本書本身才是真正的奇蹟，竟然能無中生有，編造出這麼多震撼人心的「缺鎂健康災難」。同樣也是奇蹟的是，竟然還有這麼多人願意花錢受騙。

空腹不能吃香蕉，並無根據

關於鎂，還有一個更有名的謠言，那就是不能空腹吃香蕉，否則會突然攝取到過量的鎂，以下就是我對於此篇謠言的澄清。2017 年 12 月，收到一則短訊，附上的文章是「空腹絕對不能吃的食物，再餓也要忍住」。文章裡所列舉的空腹絕對不能吃的食物是：香蕉、山楂、菠蘿、優格、蜂蜜、牛奶、番茄、柿子、生蒜、酒、茶。

我上網查詢，才發現有一大堆警告空腹不能吃的食物文章（中英文都有），所列舉的食物五花八門，多不勝數。更了不起的是，每一樣食物，都帶有「科學」的說明，解釋為什麼不能空腹吃。譬如，香蕉的解釋是：香蕉中有較多的鎂元素，鎂是影響心臟功能的敏感元素，對心血管產生抑制作用。空腹吃香蕉會使人體中的鎂驟然升高，而破壞人體血液中的鈣鎂平衡，對心血管產生抑制作用，不利於身體健康。

問題是，這些「科學」的解釋，是根據醫學報告還是編造出來的？前面提過的美國國家健康研究院提供常見食物的鎂含量。其中，一根中等大小的香蕉含有約三十二毫克的鎂，而這個含量是相當於一位成人每天所需量的 8% 左右。

在這個圖表裡，有十七種食物是排在香蕉之上，而第一名及第二名分別是杏仁及菠菜。三十克的杏仁或半杯煮熟的菠菜含有約八十毫克的鎂，相當於一個成人每天所需量的 20% 左右。縱然是半杯糙米飯（約含四十二毫克的鎂），也排在一根香蕉之上。也就是說，如果鎂的含量過高，是不可以空腹吃的理由，那香蕉頂多也只能算是個跑龍套的。

還有，假設您在山裡迷路三天三夜，而背包裡唯一的食物是一根香蕉，那您會不會「再餓也要忍住」？最後再請問，酒或茶是可以用來填飽肚子的嗎？如果不可以，又怎麼需要再餓也要忍住？這麼明顯的胡扯烏蛋，還有人把它當成寶？

林教授的科學養生筆記

- 鎂是無所不在的礦物質，不論是土壤、飲水或食物，都含有大量的鎂，我們的腎臟有非常好的機制來確保身體含有足夠的鎂，所以一般人是不可能會缺鎂的
- 網路上流傳多種空腹不能吃的食物，並沒有科學根據。說香蕉因為含鎂量高不能空腹吃並不合理，因為常見食物中，含鎂量比香蕉高的還有很多

Part 3

特殊療法，不要輕信

大家都喜歡特殊療法，大腸水療、生酮飲食、無麩質等等，聽起來就是輕鬆又有神奇功效，但是它們真的有科學根據嗎？

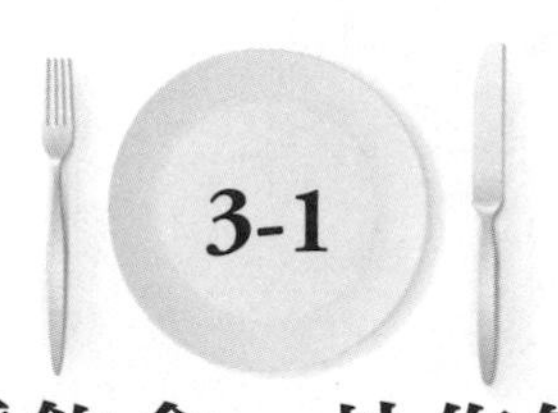

3-1 無麩質飲食，炒作無上限

#過敏、基因改造、有機、麵粉、小麥

讀者 Abel 在 2019 年 1 月寄信給我，內容如下：大概十年有了，一直在看台灣的養生書籍，直到發現林教授的網站，才知道很多看過的書並不科學。以往，我認為對某方面有專門研究和經驗的人，才敢白紙黑字的出書，現在看來未必⋯⋯在看文章時，聯想到一個長久疑問，有一種說小麥過敏的無麥麩飲食，而我個人手指有長年不好的溼疹問題，所以開始實驗，目前還沒有什麼心得。想了解科學的資料，謝謝林教授的無私和愛心！

只有百分之一的人對麩質過敏

關於「無麩質飲食」，全球每一百人裡就有一人罹患「乳糜瀉」（celiac disease），這類人如果吃麵包或麵條等小麥製成的食品，就會拉肚子，因為小麥所含的麩質會在他們身體裡啟動自體免疫，破壞小腸內層，導致腹瀉。所以，這類人需要採用「無麩質飲食」。

一項在2004年發表的研究調查超過一千名患有乳糜瀉的成年人，發現他們罹患異位性皮膚炎（俗稱濕疹）的機率是普通人群的三倍[1]。 因此，麩質也被懷疑是濕疹的誘因之一。可是呢，在採用「無麩質飲食」整整一年後，這些病患的濕疹並無改善。所以，麩質是否真的是濕疹的誘因，目前尚無定論。

儘管現在確定需要採用「無麩質飲食」（gluten-free diet）的人口比率只有1%，但是，你如果上網搜尋，一定會以為人人都需要吃「無麩質」。這是因為，就如「有機」和「非基改」一樣，無麩質也是被有心人士利用，成為好好撈一筆的商機。食品一旦貼上有機、非基改，或無麩質，就會被不明就裡的人誤認為是健康、高級、有格調，價格當然也就跟著會高級又有格調。根據一項在2011年發表的研究，無麩質食品的價格是一般食品的二到六倍[2]，超市、自然療師、餐飲業者、營養師，一個個荷包滿滿，笑得合不攏嘴。

有一本叫做《無麩質飲食，讓你不生病》（Grain Brain）的書，2018年4月在台灣出版，作者大衛・博瑪特（David Perlmutter）是位醫生，但是他一生中僅發表過一篇與「麩質」相關的論文。也就是說，他在麩質的研究領域裡，連拿幼稚園文憑的資格都不夠。可是這本書卻登上《紐約時報》暢銷書排行榜的第一名。由此可見，一般民眾根本就分不清真科學偽科學。

無麩質飲食，也幾乎是無營養

詹姆斯麥迪遜大學（James Madison University）副教授艾倫・列維諾維茲（Alan Levinovitz）在2015年4月出版一本叫做《麩質謊言》（The Gluten Lie）的書。他在2015年6月也發表文章，標題是「穀物腦醫生大衛・博瑪特的問題」[3]，敘述大衛・博瑪特是如何編織麩質謊言、製造麩質恐懼來名利雙收。

可憐的真相是，百分之九十九的人根本就沒有麩質過敏的問題，而「無麩質飲食」除了無麩質之外，也幾乎是無營養。因為，在去除麩質時，一些重要的營養成分也被去除了。讀者如想進一步了解，可以參考附錄中這兩篇2018年發表的論文，標題分別是「對非乳糜瀉患者無麩質飲食的回顧：信仰、真理、優點和缺點」[4]、「無麩質飲食更營養嗎？評估自選和推薦的無麩質和含麩質膳食模式」[5]。

總之，我奉勸讀者，除非被確診對麩質過敏，否則沒有任何必要嘗試無麩質飲食。

林教授的科學養生筆記

- 現在確定需要採用「無麩質飲食」的人口比率只有 1%，99％的人根本就沒有麩質過敏的問題，而無麩質飲食除了無麩質之外，也幾乎是無營養。除非被確診對麩質過敏，否則沒有任何必要嘗試
- 麩質是否真的是濕疹的誘因，目前尚無定論
- 食品一旦貼上有機、非基改或無麩質，就會被認為是健康、高級、有格調，價格也就水漲船高

3-2 法國悖論，仍無定論

#酒、肥胖、飽和脂肪、膽固醇、心臟病、紅酒、白藜蘆醇

我在發表批評 BBC 節目「相信我，我是醫生」用偽科學來鼓勵民眾多吃飽和脂肪的文章後（本書 24 頁），讀者 Andy 在臉書回應：「有傳聞，法國人經常以牛油塗麵包和豬油來烹飪，但心臟病率卻比美國人低，這是甚麼因素呢？」

爭論超過三十年的法國悖論

讀者 Andy 所說的傳聞，就是舉世聞名的「法國悖論」（French Paradox），這個詞在 1987 年首次出現在一篇標題為「心臟風險因素。法國悖論」[1] 的論文。該論文說，相較於美國及其他先進歐洲國家，法國人攝取較多的飽和脂肪，但卻有較少的冠心病。它又說，這個悖逆的現象可能是由於法國人喝較多的酒，而酒似乎對心臟有益。

由於這篇論文是用法文發表，所以並沒有引起太多關注。五年後的 1992 年，又有一篇類似的論文用英文發表在重要的醫學期刊《柳葉刀》，從此「法國悖論」就開始引起全球關注。這篇論文的標題是「酒、酒精、血小板，法國悖論與冠狀動脈心臟疾病」[2]。它也一樣提到，法國人喝較多的酒也許可以解釋這個悖逆現象。

請注意，這篇論文所說的酒是 alcohol，也就是酒精。但到了隔年（1993），另一篇論文卻表示，紅酒裡的酚類物質具有抑制低密度脂蛋白氧化的功能，所以也許可以解釋法國悖論。這篇論文的標題是「紅酒中酚類物質對 LDL 氧化的抑制：法國悖論的線索？」[3]。到了 1999 年，又有三篇論文進一步指出，紅酒酚類中的白藜蘆醇是最有可能解釋法國悖論[4]。

直到今天，有關白藜蘆醇的醫學論文已經超過一萬篇，而白藜蘆醇補充劑也被吹捧成可以抗老、抗癌、抗心臟病、抗失憶症、抗糖尿病等等的萬能神藥。但是很不幸的是，到目前為止，還沒有任何臨床試驗能夠證實任何一項聲稱的功效。而**如果紅酒對健康有益真的是因為白藜蘆醇（每瓶約含五毫克），那你每天就需要喝兩百瓶才能達到臨床實驗所用的劑量。**

同樣在 1999 年，有另一篇論文卻認為所謂的法國悖論根本就不存在。它說，這個「假象」之所以會出現，是因為：一、法國的醫療機構低報了心臟病的案例；二、相較於美國及其他先進歐洲國家，法國人是在近年才開始吃高脂肪食物，所以他們的心臟病發生率在還只是在上升中[5]。

儘管如此，二十年過去了，一般民眾和醫學界都還是繼續在討論法國悖論，希望能找到一個既可以大魚大肉，又可以長生不老的妙方。有人說，法國人吃較多的蔬果、吃較多起司或花較多時間享受三餐等等；也有人說，法國人有特殊的基因來處理飽和脂肪，或有特殊的基因來轉化酒精成為對心臟有益等等[6]。

總之，這個所謂的悖論，爭爭吵吵了三十年，還是吵不出個所以然來。但是，毫無疑問的，它是飽和脂肪倡導者的最愛，總是被搬出來「證明」飽和脂肪對健康有益。只不過可憐的事實是，它到底是真跡還是假象都還搞不清，而縱然是真跡，也肯定只是另類。畢竟，整體而言（全世界），飽和脂肪攝取量是與冠心病率成正比。

世界衛生組織（WHO）的網站有一篇 2018 年 1 月發表的「健康飲食」[7]，其中有關飽和脂肪的建議是「攝取量應低於總能源攝取量的 10%」，以及「盡可能用非飽和脂肪來取代」。當然，建議歸建議，每個人都有權力選擇接受或拒絕。我只是希望「有心人士」不要老是挑一些像法國悖論之類的旁門左道，來佐證或鼓吹飽和脂肪的好處。

白藜蘆醇的吹捧與現實

前面提到，有研究認為紅酒中的白藜蘆醇可以解釋法國悖論，也有很多人問我對於白藜蘆醇的看法，雖然，網路上已有大量的相關資訊，不過大多數讀者可能無法判別孰真孰假，所以以下就是我對於近年的科學證據以及無預設立場的建言。

白藜蘆醇（Resveratrol）最被熟知的身份是紅酒裡的抗氧化劑，因此被吹捧為抗老、抗癌、抗心臟病、抗失憶症、抗糖尿病等等的萬能健康補充劑。我用其英文 Resveratrol 在公共醫學圖書館 PubMed 搜尋，結果有 8854 篇論文，其中 119 篇屬於臨床試驗類型的，由此可見其熱門的程度。所謂臨床試驗，指的是用人做實驗調查，也就是說，此類型的研究對我們是比較有實質的意義。

下面就列舉八篇 2016 及 2015 年的臨床試驗結果。為了節省篇幅，我就直接提供中文翻譯的版本，有興趣的讀者可以去書後註釋去看原文。

一、2015 年 11 月，以二型糖尿病患者為對象所得到的結果，不支持使用白藜蘆醇能改善血糖控制[8]。

二、2015 年 9 月，以阿茲海默症患者為對象所得到的結果，服用白藜蘆醇增加腦體積的損耗[9]。

三、2015 年 9 月，以健康成年人為對象所得到的結果，服用白藜蘆醇對認知功能和情緒無明顯的影響[10]。

四、2015年11月，以非酒精性脂肪肝患者為對象所得到的結果，服用白藜蘆醇對胰島素抗性標記，血脂和血壓沒有任何有益的功效。但是，它可降低肝指數和肝脂肪變性[11]。

五、2015年5月，以潰瘍性結腸炎病患為對象所得到的結果，服用白藜蘆醇可提高生活品質和降低結腸炎[12]。

六、2015年9月，以患有代謝綜合症候群的中年男子為對象所得到的結果，服用白藜蘆醇對攝護腺指數及大小沒有影響[13]。

七、2015年3月，以輕度肥胖的男女為對象所得到的結果，服用白藜蘆醇對心血管健康相關的代謝危險標記物沒有影響[14]。

八、2015年3月，以非酒精性脂肪肝患者為對象所得到的結果，服用白藜蘆醇可降低肝指數及低密度膽固醇[15]。

所以，在八篇近年的研究裡，有六篇說沒用，有兩篇說有效。不管有效無效，所有的研究都是用超高劑量（每天約一千毫克）的白藜蘆醇來做實驗。就像之前提過的 ，如果紅酒對健康有益是因為白藜蘆醇（每瓶約含五毫克），那你每天需要喝兩百瓶，才能達到實驗裡所使用的劑量。這到底是吹捧還是現實？相信讀者可以自行判斷。

林教授的科學養生筆記

- 法國悖論是飽和脂肪倡導者的最愛，但它到底是真跡還是假象都還搞不清，而縱然是真跡，也肯定只是另類。畢竟，整體而言（全世界），飽和脂肪攝取量是與冠心病率成正比
- 世界衛生組織有關飽和脂肪的建議是「攝取量應低於總能源攝取量的10%」，以及「盡可能用非飽和脂肪來取代」
- 白藜蘆醇補充劑被吹捧成抗老、抗癌、抗心臟病、抗失憶症、抗糖尿病等萬能神藥，但目前還沒有臨床試驗能證實任何一項聲稱功效
- 如果紅酒對健康有益真的是因為白藜蘆醇（每瓶約含五毫克），那每天需要喝兩百瓶才能達到臨床實驗所用的劑量

呼吸養生法，有真也有假

#冰人呼吸法、氣功、憋氣、太極

讀者顏自雄在 2019 年 1 月詢問：「我覺得呼吸法對養生也相當重要。自古以來就有很多呼吸養生法，如氣功、靜坐、還有冰人呼吸法等等，有緩吸緩吐、有吸一小口憋住，有提倡要憋氣（也有不要憋氣）……莫衷一是，因此我想請教是否有研究探討何種呼吸法對養生有助益？」

冰人呼吸法並不靠譜

首先，顏先生所說的種種呼吸方法的確是在網路上到處可見，而相關的著作也是琳瑯滿目。但是，這些方法到底有多少科學根據，我只能說，看起來大多不怎麼靠譜。

我可以確定非常不靠譜的，是那個「冰人呼吸法」，因為它在網路上的資料是與科學證據相差甚遠。本文前半將專注於討論「冰人呼吸法」，至於其他呼吸法以及憋氣到底是好是壞，請看文章後半段。

此書中的「冰人」指的是荷蘭人文恩．霍夫（Wim Hof）。他擁有二十六項金氏世界紀錄，包括浸在冰裡七十三分鐘又四十八秒。因此，當他談及健康時，我們這些凡夫俗子就不得不乖乖地聽。

他在 2017 年 2 月出版一本書，名為《冰人呼吸法，我再也不生病》（The Way of the Iceman）。英文版在亞馬遜網站的介紹，開頭是這樣：科學已經證明，傳奇人物文恩．霍夫的呼吸控制和冷訓練方法可以顯著提高能量水平、改善血液循環、減輕壓力、增強免疫系統、強化身體、成功對抗多種疾病。

中文版在博客來網站的介紹，有這麼兩段：2014 年，荷蘭拉德堡德大學醫學中心為了研究這位「冰人」的身體機能，甚至將內毒素注入他的手臂，卻奇蹟般發現，當其他人都呈現流感症狀，唯有霍夫沒有出現絲毫不適。這套經過科學驗證的方法發現，原來，霍夫讓身體經常處在低溫中，藉平穩、深入的呼吸讓身體放鬆，強化自主神經系統，訓練血管的收縮與擴張，進而提升免疫力。目前，霍夫用這套方法，幫助許多人遠離高血壓、糖尿病、癌症與憂鬱症。

很不幸的，這兩個介紹都大有問題。首先，醫學文獻裡僅有一篇研究「冰人呼吸法」的論文，2014 年發表，標題是「自願激活交感神經系統和減弱人類的先天免疫反應」[1]。

在這個研究裡，文恩．霍夫根本就沒有接受測試，所以，中文版介紹裡所說的「將內毒素注入他的手臂、奇蹟般發現、唯有霍夫沒有出現絲毫不適」，全都是編造出來的謊言。真正在研究裡接受測試的人共有十八位（沒有包括文恩．霍夫）。他們需要做三件事：冥想、呼吸控制和暴露在酷寒中。

呼吸控制的實驗是包括憋氣二到三分鐘。這和顏先生引用這本書所說的三十秒，是大不相同的。不管如何，儘管這本書鼓吹憋氣對健康有益，但科學證據顯示，長時間憋氣可能會造成大腦、腎臟和肺臟的損傷。

暴露在酷寒中的實驗是包括：赤腳站在雪地上長達三十分鐘，赤身裸體躺在雪地上二十分鐘、每天在冰冷的水（攝氏零到一度）中浸泡或游泳長達幾分鐘（包括完全淹沒）、並且在海拔約一千六百米的雪山上（冷風零下十二到二十七度）只穿短褲和鞋子（赤裸上半身），徒步行走。（補充：泡冷水和徒步行走都沒給確切時間，所以這個研究缺乏嚴謹的態度）

這樣的訓練與中文版介紹所說的「只要趁著洗澡水還熱時，一點點調降，練習冷訓練」，當然是大相徑庭。不管如何，測試的結果是，交感神經系統的自發激活導致腎上腺素釋放並隨後抑制先天免疫反應。

那，請問這樣的結果跟中文或英文版介紹所說的「顯著提高能量水平、改善血液循環、減輕壓力、增強免疫系統、強化身體、成功對抗多種疾病、遠離高血壓、糖尿病、癌症與憂鬱症」，是一樣嗎？

不管如何，我們就假設介紹裡所說的有一樣是真的（例如最起碼的「強化身體」），那您會為此而願意嘗試酷寒實驗裡的任何一項嗎？只要一項就好，例如最輕鬆的「赤腳站在雪地上長達三十分鐘」。

總之，這本書所說的，是與科學證據相去甚遠。它是為了吸引讀者買書，而故意把很困難的體驗（憋氣和酷寒）說成是人人都做得到的。只不過，真正科學研究裡所做的實驗，是絕大多數人辦不到的。更重要的是，真正科學研究裡所獲得的有關健康的結果，是與書本介紹裡所說的，有天壤之別。

真正有效的呼吸方法

講完了絕大部分人辦不到，而且醫學文獻也大有問題的「冰人呼吸法」後，再來討論其他的呼吸法，以及長時間憋氣對健康的影響。首先，我需要解釋，不論是何種呼吸法，它們都是與心理、心靈、意念或冥想息息相關，所以，想要了解呼吸方法的科學研究，就必須先對有關心靈的科學研究有些基本的認識。

根據一篇 2018 年發表的綜述論文[2]，近五十年來，歐洲和北美的人是越來越關注一些以心靈為基礎的養生保健方法（例如太極拳和瑜伽），而相關的科學研究在數量上也隨之增長。就以十年期間發表的論文數量而言，在 1997 到 2006 年期間是 2412 篇，在 2007 到 2016 年期間則為 12,395 篇。而以每年的臨床試驗數量而言，在 2000 年是 18 篇，在 2014 年則為 250 篇。

總體而言，這些研究發現，以心靈為基礎的養生保健方法對於身體、心理和認知功能都有幫助。對身體好處包括：一，降低心臟病風險；二、增進心肺功能；三、加強免疫力；四、減輕疼痛；五、促進平衡感、柔軟度、伸縮性等等。對心理的好處則是減輕壓力及舒緩焦慮，而對認知功能的幫助則是增進注意力及創造力。

儘管就如來信的顏先生所說，呼吸練功有很多不同的門派，但它們的運作技巧其實都不外乎：一，用鼻子吸氣，嘴巴呼氣；二、降低呼吸頻率；三、增加吸氣深度；四、從胸式呼吸轉為腹式呼吸；五、延長呼氣時間（例如吹燭火不熄，甚至不動）。

那，為什麼如此的呼吸運作會對身心健康有益？目前的理論基礎是，呼吸運作會通過副交感神經（以迷走神經為主）來影響全身。更進一步地說，**吸氣會抑制迷走神經，而呼氣則會刺激迷走神經。當迷走神經受到刺激時，會導致血壓降低、心跳減緩、情緒放鬆等等。所以，延長呼氣時間會延長迷走神經的刺激，從而使身心達到較持久的放鬆。**

呼吸的調控除了可以養生保健，也可治病，例如哮喘和慢性阻塞性肺病。另外，它也被用來幫助心臟手術後肺功能的恢復，以及輔助精神疾病的治療。

長時間憋氣對身體有害

好，現在大致了解呼吸調控對健康的影響之後，我要來討論讀者所問的「有叫人不要憋氣，有叫人常憋氣對身體好，莫衷一是」。憋氣，是潛水訓練的重要項目，潛水俱樂部也經常舉辦憋氣比賽。目前，憋氣的世界紀錄是 11 分 35 秒，由法國潛水選手史蒂芬·密蘇（Stéphane Mifsud）在 2009 年創下。至於憋氣對健康的影響，我就請讀者看下面這五篇論文：

一、2018 年論文結論：持續數年的屏氣潛水訓練可能會導致輕度但持續的短期記憶障礙[3]。

二、2017 年論文結論：長時間持續的屏氣潛水可能會導致腎功能惡化[4]。

三、2016 年論文結論：屏氣導致的缺氧可能引起輕度神經功能障礙或損害[5]。

四、2012 年論文結論：屏氣潛水的人常患有咳嗽、咯血及不同程度的呼吸困難。斷層掃描顯示在海馬區域存在斑狀雙側肺部混濁[6]。

五、2009 年論文結論：在受過訓練的屏氣潛水員中，呼吸暫停後腦損傷標記物 S100B 的血清水平增加[7]。

從這五篇論文，讀者應該可以看出，目前的科學證據是認為，長時間的憋氣可能會造成大腦、腎臟和肺臟的損傷。反過來說，沒有任何科學證據顯示，憋氣是對健康有益的。

所以，對於顏先生所提出的許多問題，我的總結論是：**一、「冰人呼吸法」是不可信的；二、長時間憋氣是不好的；三、在練習得當的前提下，凡是講究深吸氣、長呼氣的呼吸方法都是對健康有益的。**

林教授的科學養生筆記

- 冰人呼吸法與科學證據相去甚遠，是為了吸引讀者買書，而故意把很困難的體驗（憋氣和酷寒）說成是人人都做得到
- 科學證據顯示，長時間憋氣可能會造成大腦、腎臟和肺臟的損傷。反過來說，沒有任何科學證據顯示，憋氣是對健康有益的
- 近五十年來，以心靈為基礎的養生保健方法（例如太極拳和瑜伽）的相關科學研究在北美和歐洲受到重視，論文數量也快速增長。總體而言，這些研究發現其對於身體、心理和認知功能都有幫助

一位生酮醫師之死

#咖啡灌腸、葛森療法、另類療法、救命飲食、肝膿瘍、大腸水療

讀者馬先生在2019年2月用臉書傳來一位謝姓醫師的死訊。從這位謝醫師的學經歷來看，他應當只有四十多歲。如此年輕，再加上他「不尋常」的醫療行為，導致他的死訊被大量轉傳。

謝醫師在網站這樣自我介紹：「我是一個內兒科醫師，兒科訓練結束，在診所接觸到跟醫院完全不一樣的病人群，有趣。近年，又接觸了很多不一樣的養身概念……哈哈，這引起了我這水瓶外星人的興趣啦，我決定用我自己來做實驗。」

他這樣介紹自己的診所：106年7月，我們成功轉型為整合醫療診所，不開西藥。謝醫師以「細胞分子矯正醫學」為基礎，搭配生酮飲食指導，以及大劑量維他命點滴注射，成功逆轉你以為只能吃藥控制的慢性病、過敏、自體免疫疾病，甚至是癌症。他也推薦了七本書：《生酮抗病醫囑書》、《膽固醇其實跟你想的不一樣》、《小麥完全真相》、《斷糖飲食》、《第一次生酮就上手》、《生酮抗癌》、《肥胖大解密》。

他留下的最後一篇文章是在 2019 年 2 月 2 日發表，前兩句是：在臨床上，許多人跟我現在的狀況一樣，有大量的毒素在身體中，不斷的反覆刺激身體，造成發炎！咖啡灌腸是一個不太費時，不太花錢，可以在家裡簡單執行的排毒方法，雖然簡單實惠，卻甚是有效！

這篇文章還提供了 Q&A 來「破解」他自認為的咖啡灌腸迷思，也提供了咖啡灌腸的圖片。最後，提供了這兩句：「我在咖啡液中，加了一小撮鹽巴，補充電解質。」、「平日也不忘補充礦物質。灌腸後，也別忘記補充益生菌。」

從上面這些資料可以看出，這位謝醫師不但自己力行生酮，也跟病患進行生酮醫療。有關生酮，我已經發表了多篇文章，一再警告它的危險。可嘆的是，我還是看到很多人在臉書上感謝這位醫師對生酮的「貢獻」。

至於咖啡灌腸，我在第一本書中，就有說明它是葛森療法的核心，而葛森療法在美國和許多醫療先進國家是非法的。我也有說，有人因為接受此一療法而過世（請見〈備受爭議的葛森癌症療法〉）。

另類療法的風險，不可不知

值得注意的是，葛森飲食是全素的（因為他們相信肉是毒素之源），而生酮飲食則幾乎是全肉的（因為相信蔬果穀類是毒素「醣」之源）。所以，本質上這兩個門派是互不相容的。但是，既然都是旁門左道，也就沒有所謂的對錯了。

不管如何，這位醫師確定是死於「肝膿瘍」，也就是說，他的肝臟受到細菌感染而長膿。值得注意的是，肝臟本身是有很好的免疫系統及防禦機制，所以即使偶然被病菌入侵，它也可以立刻將病菌完全清除。而縱然是在無法完全清除的情況下，它也還是可以接受抗生素的治療而得到痊癒。那，為什麼這位正值壯年的醫師會感染此病，更因此而死？

由於醫學文獻裡是有灌腸導致肝膿瘍的報導，所以，我們可以合理的懷疑是咖啡灌腸導致這位醫師的肝膿瘍。而由於他篤信飲食療法，我們也可以合理的猜測是「排斥正統西醫」的心態導致他的死亡。

他的夫人在臉書發表一封公開信，結尾處她語重心長地說了一句「也感謝一路虎視眈眈等著看笑話的你」。但願，她能理解，我這篇文章絕無意要看誰的笑話。我唯一的目的就是要喚醒沉迷於生酮、葛森等另類療法的人。

尤其是，看到這類所謂的養生書籍佔據台灣各大書店平台，這類所謂的養生團體充斥台灣各大社交平台，這類所謂的養生專家上遍台灣各大媒體，我是以無比沉重的心情來寫這篇文章。很感謝醫師夫人的勇氣，在公開信的結尾給了這樣的提醒：在這裏提醒你，營養素及飲食方式能讓你身體平衡，能支持你更好的對抗疾病，但千萬別忽略了即時適當的治療。

大腸水療的危險性

以上文章發表後，隔天讀者馬先生回應：「我記得以前很多貴婦都會去做大腸水療，據說蔣宋美齡女士因為常做這才活到一百多歲。但這幾年也沒聽人提起了。」所以，我就立刻做了一些搜尋。赫然發現，就在我家附近就有這麼一家「診所」，從事此一「療法」。這個發現是來自一篇 2017 年 8 月《大紀元》的「新聞報導」(其實是假新聞，真廣告)，標題是：「灣區行醫手記，人想要長命，大腸要乾淨，陳氏中醫診所，大腸水療法有效排毒，年輕又健康」。

大腸水療（colon cleansing）除了有所謂的診所能幫您服務外，還有所謂的「排便清腸器」能讓您在家自得其樂。更了不起的是，這些 DIY 大腸水療機除了號稱可清洗五臟六腑[1]，竟然號稱連痛風、肺癌、乳癌都能治療。不信的話，請看這則新聞報導的直銷業者讓民眾現身說法:「二個月時間肺癌三顆,連影子都不見,這機器排毒功能是天下第一」、「我痛風原本腳都是彎曲的,真的很感謝這台機器」、「我乳癌用了第二天,我的前胸後背都不再痛了,那真的是太神奇了」[2]。

不過,凡事都是樂極生悲,例如 TVBS 在 2006 年 9 月的這篇新聞報導「大腸水療導致結腸破,六旬老婦亡」[3]。再來,如果聽膩了八卦新聞,那就請看這篇 2011 年發表在《家醫科期刊》(Journal of Family Practice)的嚴肅醫學論文,標題是「大腸清洗的危險性」[4]。它除了舉證兩個「大腸水療」樂極生悲的醫學案例,還提供這四點提醒:

1. 大腸水療是不明智的,特別是如果您有胃腸道疾病史(包括憩室炎、克羅恩病或潰瘍性結腸炎)或結腸手術史、嚴重痔瘡、腎臟疾病或心臟病。這些情況會增加不良反應的風險。

2. 大腸水療的副作用包括噁心、嘔吐、腹瀉、頭暈、脫水、電解質異常、急性腎功能不全、胰腺炎、腸穿孔、心力衰竭和感染。

3. 大腸水療機器並沒有獲得美國 FDA 的批准。消毒或滅菌不足會導致大腸水療機器受到細菌汙染。

4. 大腸水療從業人員並沒有獲得科學組織的認證。事實上,這些從業人員的認證是自己給的。

總之，如果您是想要美容、減肥或治癌，大腸水療的確有可能讓您嘔吐、腹瀉、脫水。而您如果想要學宋美齡活到一百零六歲，大腸水療也的確有可能讓您「早成正果」。

林教授的科學養生筆記

- 生酮和咖啡灌腸都屬危險的另類療法，想要嘗試的人，需要充分了解其風險
- 另類養生書籍佔據各大書店和排行榜，這類養生團體也充斥台灣各大社交平台。希望我的網站和書，可以喚醒更多沈迷於另類療法的人
- 《家醫科期刊》提醒：大腸水療是不明智的，其機器並沒有獲得FDA批准。消毒或滅菌不足會導致大腸水療機器受到細菌汙染，且從業人員並沒有獲得科學組織的認證

3-5 生酮逆轉二型糖尿病的迷思

#生酮、TED、低糖

2017 年 9 月，好友寄來一段 TED 影片，標題為「逆轉二型糖尿病，始於不要理會指南」[1]。在幾個月前，就有另一位好友寄來，但我沒打開觀看。原因是過去看了一些 TED 影片，總是讓我覺得是在浪費時間。這次，我看了這段轉載的影片，原因是它附有一段「很有說服力」的說明，節錄如下：

逆轉糖尿病比想像中還容易，只要十八分鐘，改變一生（TED 短片，精采到想看三次）。令人折服證據，看完十八分鐘後，會下定決心改變飲食，代謝、減重、活力。莎拉・哈爾伯格，經認證的減肥醫學及內科醫師，同時還擁有運動生理學的碩士學位，任職於美國印地安納大學醫院，創立醫療監督下減重課程。最近又成立美國第二個，供醫學院學生的非手術減重臨床實習，課程在減重方面領先全國，而且在逆轉第二型糖尿病和許多代謝疾病上，得到很成功的結果。

首先，我請讀者看看講者莎拉・哈爾伯格（Sarah Hallberg）自述的學經歷，以及她工作的醫院所提供的學經歷[2]。她的學位是「骨科醫學博士」（Doctor of Osteopathy，DO），而非「醫學博士」（Doctor of Medicine，MD）。她在 2002 年從一個叫做「得梅因大學」（Des Moines University）的學校獲得 DO 學位。從畢業到現在已經十五年，卻還沒有發表過任何學術論文。

她在影片裡說自己成功地治療過很多二型糖尿病患（也就是所謂的「逆轉」），也做了臨床試驗（影片裡有數據圖表）。但是，從演講到現在，已經兩年半了，卻還是沒有任何醫學文獻的證據。（補充：2018 年 4 月，發表了一篇，下一段會分析）

她所謂的逆轉二型糖尿病的方法，是吃「低碳水化合物，高脂肪食物」，也就是所謂的「生酮飲食」。她說「很多打」（dozens）的臨床研究，「沒有例外」（consistently）顯示低糖飲食能逆轉二型糖尿病。但事實上，在她發表演講之前，這類的臨床研究是連一打都不到，而結論也是各說各話。例如一篇發表於 2009 年的研究報告就說，低糖飲食未能逆轉二型糖尿病[3]。2016 年的一篇研究報告更是說，低糖高脂肪飲食會明顯地增加壞膽固醇、三甘油酯以及其他糖尿病及心臟病的危險因子[4]。

她一再地說，低糖高脂肪飲食可以降低血糖，但低血糖只是個指數，並不表示就沒生病。血糖是低了，但是，心臟病及腦中風的風險，卻增加了。

根據我這個網站成立以來的讀者回饋，我覺得「顛覆」性的言論特別受到歡迎。不管是真是假，是對是錯，只要是顛覆的就當成是寶，到處傳到處吹。什麼「從忽略準則開始、逆轉、米飯穀類是殺手」等等。關鍵是證據在哪，在 TED 演場戲就算數？

後續論文評析

發表上段文章後，讀者 James Sa 回應：林教授您好，莎拉．哈爾伯格的實驗在 Virta 的贊助之下，在 2018 年 4 月發表於期刊《糖尿病療法》（Diabetes Therapy）[5]。

首先謝謝讀者的回應，莎拉．哈爾伯格的 TED 演講標題是「逆轉二型糖尿病，始於不要理會指南」。從這個標題就可看出，莎拉．哈爾伯格認為，想要逆轉二型糖尿病的第一步，就是不要理會指南，而她在演講裡所說的指南就是「美國糖尿病協會」所發布的。

莎拉．哈爾伯格更進一步說，想要逆轉糖尿病，就需要在飲食中杜絕醣類（carbohydrate），方法是用脂肪來取代醣類。事實上，她還說，人類根本就不需要攝取醣類，包括任何穀類（米、麥）或水果。所以，她建議所有人，不只是糖尿病患，都只吃蛋白質和脂肪，特別是要用脂肪來取代醣類。她還拿自己為例，說她並沒有糖尿病，但是她和家人都只吃蛋白質和脂肪的生酮飲食。

莎拉・哈爾伯格在演講裡說她已經用此一飲食成功逆轉了很多糖尿病患，但是，她卻沒有提供任何科學證據（即發表在醫學期刊的論文）。事實上，在我發文當天（2017 年 9 月 18 號），她的演講已經過了兩年又四個多月。可是，在這麼長的時間裡，它還是沒有任何科學證據。就是因為這樣，讀者才會在 2018 年 12 月通知我，莎拉・哈爾伯格現在已經有發表一篇論文了。

這篇論文的標題是「一個用於管理二型糖尿病的新型護理模式在一年中的有效性和安全性：開放標籤、非隨機、對照研究」。

這篇論文是發表在「影響因子」（Impact Factor，IF）不高的期刊《糖尿病療法》。這就奇怪了，想想看，糖尿病是一個受到高度重視的疾病，而這又是一個很費功夫的臨床試驗，怎麼會淪落到只發表在一個二點多 IF 的期刊？

讀者 James Sa 有說，這個實驗是受到 Virta 的贊助，而 Virta 就是一家用生酮飲食來治療糖尿病的公司。光是這一點，這個實驗的可信度，就已經難免會受到合理的懷疑。再加上這個實驗並非 blinded（盲，即負責分析樣品的研究人員不知道病患接受何種治療），所以，它的數據就有可能受到操弄。也就是說，可信度的問題，應該是造成這個實驗無法被高 IF 期刊接受的原因。

還有，請注意，論文標題裡是說二型糖尿病的「管理」（Management），而不是二型糖尿病的「治療」（Treatment）。也就是說，這個實驗只是要管理糖尿病，而非治療。事實上，在整篇論文裡，完全沒有出現「逆轉」（Reverse）這個字。也就是說，它與演講裡所聲稱的成就，是有很大的落差。

不過，我其實一點也不意外，因為這就是 TED 演講的特色，總是「承諾有餘，實現不足；雷聲大雨點小」（Over-promise Under-delivery）。事實上，我在前文已經有講，對我來說，看TED演講只不過是浪費時間。也許，我會發表一篇專文來告訴大家 TED 演講系列的真相。

不管如何，就這篇論文本身而言，我是可以接受讓二型糖尿病患試用生酮飲食。但是，就莎拉・哈爾伯格那個演講而言，我還是認為它是言過其實。尤其是它叫所有人，包括沒有糖尿病的人，都要放棄米飯、麵包、蔬菜、水果，那就非常不恰當。

還有，請注意，根據莎拉・哈爾伯格、Virta 或是那篇論文，想要用生酮飲食來「逆轉」糖尿病的人，是需要一套量身訂製（花大錢）的計劃才能進行的。這與現在市面上如雨後春筍般成立，自助式的「酮這個、酮那個」群組，是大不相同的。總之，生酮飲食是會對身心造成劇烈的改變，而其長遠影響尚不得而知。您可千萬不可存有「時尚、好玩、酷屌」的心態。

二型糖尿病的管理，有比生酮更好的方法

此文發表後，新陳代謝科醫師黃峻偉醫師回應：

林教授您好，其實在糖尿病治療中，有兩種方式已經證明可以逆轉糖尿病，一個是胃繞道手術，可以讓病患在長期不需要任何藥物就能維持非常好的血糖控制。另一種方式是非常低熱量的飲食法進行一段時間，可以讓胰島素分泌的 first phase 現象重現，並且在一年左右完全不需要藥物就能達到良好控制。

另外，在診斷糖尿病初期併發高血糖，給予積極胰島素治療，也有機會走到完全不需要藥物的良好控制程度。以上的作法都是經過嚴謹實驗設計，發表在高分的期刊上。而生酮或是非常低醣飲食，反而沒有經過以上的論文發表以及驗證，卻不斷宣稱自己能逆轉糖尿病，並且欺騙很多民眾。這種作法，非常不值得學習。

我的回應如下：非常感謝黃醫師的回應。我想您應當知道，台灣現在非常流行生酮。有一本這方面的書一直都是排行榜裡的前幾

名，可見有多少人想嘗試。就是因為這樣，我才一再大聲疾呼，希望能扭轉乾坤。但是，要改變這種趨勢並不容易，是需要像您這樣的專科醫師的加入，才有可能成功。

林教授的科學養生筆記

- 生酮飲食號稱可以降低血糖，但低血糖只是個指數，並不表示就沒生病。血糖是低了，但心臟病及腦中風的風險，卻增加了
- 在 TED 演講號稱生酮可以「逆轉」糖尿病的講者，在實際發表論文裡，卻只敢寫「控制」。而實際上，控制糖尿病有其他更好的方法。

補充劑可預防感冒的神話

#維他命 D、維他命 C、口服鋅

讀者 Chih-Hao Hsu 來信：林教授您好，由於拜讀您的大作，也參考其他資料，得知服用維生素 D 的功效在科學上大部分是缺乏證據的，所以我個人也就盡量不口服維生素 D 了。不過血液中 25（OH）D 的濃度與若干疾病減少在研究上的關連性仍然存在，這點目前的解讀就比較困難，因為關連性不代表因果關係。個人猜測，維生素 D 應該要從皮膚吸收才是正途，我認為如果少曬太陽的人，最好還是定期把維生素 D 膠囊刺破，把裡面油油的液體塗在皮膚吸收。

另外個人經驗是服用維生素 D 會降低感冒及流感機率，即使發病了再服用，病期也縮短很多，而且幾乎完全不會有長期咳嗽等惱人的症狀。2017 年也有研究有這樣的結論。最後，非常感謝林教授閱讀文獻並提供淺顯易懂的文章讓大眾增進正確的知識。

維他命 D 預防感冒的真相

首先，謝謝這位讀者的支持。再來，我要簡短地回答他提到的前兩個問題，第一，關於「關連性不代表因果關係」，那是我一而再再而三提醒讀者的重點。這是因為，**絕大多數鼓勵民眾吃維他命 D 的說法，只不過是根據「關連性」，而非「因果性」。所有真正探討「因果性」的研究，得到的結論是，吃維他命 D 補充劑只對預防或治療佝僂病（骨軟化）有效**[1]。

第二，關於「把維生素 D 膠囊刺破，塗在皮膚」，這絕非正途。雖然有研究顯示，維他命 D 是可以塗在皮膚上來攝取，但是，那兩個實驗所使用的維他命 D 製劑是有添加「穿透增進劑」。也就是說，口服膠囊所含的維他命 D，並不適合被用於皮膚上。

好，我現在要來談真正的重點，那就是這位讀者所的「維生素 D 會降低感冒及流感機率」。他所說的「2017 年的研究」是一篇 2017 年 2 月發表的論文，標題是「補充維他命 D 以預防急性呼吸道感染：對個別參與者數據進行系統評價和薈萃分析」[2]。

這篇論文在發表當天以及之後的數天，在全球被廣泛報導。但不幸的是，儘管論文的標題明明是預防「急性呼吸道感染」（acute respiratory tract infections），但幾乎所有的新聞媒體都把它說成是預防「感冒及流感」。這篇論文總共分析了二十五個臨床試驗，其中，沒有任何一個是關於感冒的，而只有兩個是關於流感的。這兩個流感臨床試驗的結論分別是：

2010 年論文，標題是「維他命 D 補充劑對於預防 A 型流感的隨機測試」，結論[3]：冬季補充維他命 D_3 可降低 A 型流感的發病率，特別是在學齡兒童的特定亞群中。

2014 年論文，標題是「維他命 D 補充劑對於 2009 年 H1N1 流感大流行期間 A 型流感的總體發病率的效果：隨機控制測試」，結論[4]：補充維他命 D_3 並未降低 2009 年 H1N1 流感大流行期間 A 型流感的總體發病率。

請注意，這兩篇論文是出自同一研究團隊。那，根據它們這樣的結論，您真的會認為補充維他命 D 可以預防流感？不管如何，縱然是那篇 2017 年的分析報告本身（即非媒體報導），它的結論也只不過就是「維他命 D 補充是安全的，它總體上保護免受急性呼吸道感染」。

要知道「急性呼吸道感染」是一個非常籠統的名稱，它可以是與感冒或流感是毫不相干的。但是，媒體卻硬生生地把它說成是感冒或流感。再來，縱然是針對「急性呼吸道感染」，那篇 2017 年的分析報告所得到的結論，也一樣是值得商榷。

它分析所得到的數據是「補充維他命 D 降低急性呼吸道感染的

機率 12%」。但是，很不幸的，它文字上的結論卻會讓人誤以為感染機率是降低 100%，而的確，這就是造成媒體大肆渲染的原因。

更不幸的是，這個 12% 的降低其實是經過「調整的」。如果沒有經過統計學的調整，差別其實是還不到 2%（有吃和沒吃維他命 D 補充劑的人，感染機率分別是 40.3% 和 42.2%）。這篇論文的發表伴有一篇編輯評論，標題是「維他命 D 補充劑有助於預防呼吸道感染嗎？」[5]，結論是：我們認為目前的證據不支持使用維他命 D 補充劑來預防除了骨軟化症之外的疾病。

維他命 C 防感冒神話已破滅

關於預防感冒，您還記得維他命 C 的故事吧？熱熱鬧鬧地流行了數十年，不是嗎？現在呢，還有人相信它能預防感冒的神話嗎？C 失寵就換 D 吧，反正風水輪流轉，說不定哪一年會轉到 Z 呢。

至於這位讀者所說的「個人經驗是服用維生素 D 會降低感冒及流感機率」，我只想提醒讀者一件事：萊納斯．鮑林（Linus Pauling，1901 － 1994）是諾貝爾化學獎以及和平獎的雙重得主。他一輩子相信維他命 C 能預防和對抗感冒，還著書立論大力鼓吹。可是呢，最後這份堅定「信仰」卻成為他原本可以很偉大的生平裡一個永遠無法磨滅的汙點。對這段歷史有興趣的讀者，可以看附錄的這篇文章，標題是「萊納斯·鮑林如何誆騙美國相信維他命 C 治療感冒」[6]。

那，如此一個令人扼腕的歷史性演變，還意味著什麼？信仰和鼓吹維他命 D 的醫生和學者們，您會不會感覺心頭一陣涼？最後提醒，關於維他命 D 的濫用和誤解，可以複習收錄於我第一本書的維他命 D 文章。

鋅治感冒，證據有限

2016 年 12 月 27 號，我在瀏覽美國醫學會最新一期的期刊目錄時，看到一則撤稿的通知。被撤稿的文章標題是「感冒口服鋅」(Oral Zinc for the Common Cold)。這讓我想起一位好友曾跟我說，他和老婆同時得感冒，他自己趕快服用鋅，感冒就好了，但是老婆不吃（好像是因為不能忍受鋅的味道），感冒就拖延了。所以，我就好奇地搜索了一些相關資訊，看完後整理如下：

先說一篇 2016 年 10 月發表在《世界新聞網》的文章，標題是「服用鋅錠，感冒提早三天好」，要點是：「芬蘭研究員最近進行的綜合分析顯示，鋅錠（zinc lozenges）可縮短普通感冒的時間。研究員發現，每日服用八十到九十二毫克的鋅（等於七片 Cold-Eeze 錠），會使平均為期七天的感冒，減少整整三天」。

我查了一下，找到上述新聞要點裡的「芬蘭研究員最近進行的綜合分析」。那是一篇 2016 月 7 月 28 日發表在《英國臨床藥理學期刊》（British Journal of Clinical Pharmacology）的分析報告[7]。這篇報告的第一作者哈利．海米萊（Harri Hemila）一向是「鋅治感冒」的最主要推手。

只不過，醫學文獻裡有關「鋅治感冒」的論文，都是屬於「有限證據」，甚至於是「非常低證據」。縱然是上面那篇分析報告的結論，也只不過是「也許可以鼓勵感冒患者嘗試鋅錠劑治療他們的感冒」。

《哈佛健康出版物》（Harvard Health Publications）的主編派翠克．施克瑞特（Patrick Skerrett）曾發表文章，標題是「鋅治感冒？我不要」[8]。

聲譽卓著的梅友診所的布蘭特．包爾（Brent Bauer）醫生也寫了一篇文章，標題是「鋅治感冒：肯定？」[9]。他說鋅治感冒的證據不足，而且有危險，不要自己嘗試。

在「消費者報告」（Consumer Reports）的網站上，評論員蘿倫．庫柏（Lauren Cooper）寫了一篇文章，標題是「六個不要用鋅治感冒的理由」[10]。這六個理由是：一、鋅不會緩解感冒症狀。二、鋅有副作用。三、鋅可能有毒。四、鋅可能會與其他藥物有交互作用。五、鋅會導致健康問題。六、鋅可能會導致嗅覺喪失。

這六個理由附有非常詳盡的解釋，有興趣的讀者可點擊附錄提供的網站連結去瀏覽。當然，我知道再多的建言，也比不上個人親身的經驗。所以，如果你深信鋅曾有效地治好你的感冒，歡迎去我的網站留下意見。請讀者注意，這裡所講的感冒是一般感冒，而不是流感。最後，祝福讀者都能平安度過感冒季節。

林教授的科學養生筆記

- 再次強調，絕大多數鼓勵民眾吃維他命D的說法，只不過是根據「關連性」，而非因果性。所有真正探討因果性的研究，得到的結論是，吃維他命D補充劑只對預防或治療佝僂病（骨軟化）有效
- 維他命C可以治療感冒的神話，早已被證實破滅
- 醫學文獻裡有關「鋅治感冒」的論文，都是屬於「有限證據」，甚至於是「非常低證據」

3-7

維他命 C 抗癌與正分子醫學騙局

正分子醫學、細胞分子矯正醫學、癌症、自然療法

讀者張小姐在 2019 年 2 月利用「與我聯絡」詢問：讀到林教授書中的兩篇文章〈維他命補充劑的真相〉、〈抗氧化劑與自由基的爭議未解〉，因為只有提到「維他命 C 既沒好處也沒壞處」，我還是有疑問：最近因為腫瘤問題查了資料，看到有關高濃度維他命 C 輔助抑制腫瘤、癌細胞等的相關治療例子；另外，關於「細胞分子矯正醫學」，還有營養學專家安德魯．索爾（Andrew Saul）有著書、自然療法、順勢療法，提倡疾病使用大劑量維他命 C 療法，其舉例都說有效用，更說脂質性（Liposomal）維他命 C 的吸收最有用。我們是否可以相信高劑量或大量的維他命 C 能對抗癌症及疾病，想知道您的看法。

正分子醫學是偽科學

我先解釋什麼是「細胞分子矯正醫學」，其翻譯自「正分子醫學」(orthomolecular medicine),只不過多加了「細胞」和「矯」。它雖然聽起來冠冕堂皇,卻不是醫學的一個分支或科系。事實上,它是被定位為「偽醫學」,而 2019 年 2 月,台灣就有位施行此偽醫學的醫生因此而死。(請看 165 頁的〈一位生酮醫師之死〉)

「正分子醫學」起源於一本 1973 年發表的書《正分子心理學》(Orthomolecular Psychiatry)。這本書在沒有任何實驗證據的情況下,鼓吹用大量維他命和礦物質來治療心理方面的疾病。之後,「正分子心理學」又漸漸演化成「正分子醫學」(orthomolecular medicine),同樣是鼓吹用大量維他命、礦物質來做治療,只不過變本加厲,將所有的疾病都涵蓋了。讀者所說的營養學專家安德魯·索爾,就是此一偽醫學的倡導者。

沒有證據支持大量維他命 C 能對抗癌症

至於讀者所問的「我們是否可以相信大量的維他命 C 能對抗癌症及疾病」,我用 Vitamin C 及 Cancer 搜索 PubMed 公共醫學圖書館的臨床試驗資料,結果搜到 186 篇。但是,其中沒有任何一篇表明維他命 C 對任何癌症有療效(不管是口服還是靜脈注射,不管是大劑量還是小劑量)。我到美國國立癌症研究院的網站查看,也是得到同樣的結果[1]。

位於紐約的「斯隆凱特琳癌症紀念中心」（Memorial Sloan Kettering Cancer Center）是頂尖的癌症研究和治療機構。它所提供的有關維他命 C 的資料，也說沒有證據顯示維他命 C 對癌症有療效[2]。英國的癌症研究所甚至還這麼說[3]：一些研究甚至認為維他命 C 會干擾一些抗癌藥物，一項研究表明它甚至會保護乳癌細胞免受藥物三苯氧胺的影響。

總之，**「細胞分子矯正醫學」就只是一個唬人的名字，它所提倡的另類療法，包括靜脈注射大劑量維他命 C，非但不具任何療效，而且可能有反效果**[4]。

林教授的科學養生筆記

- PubMed 公共醫學圖書館的臨床試驗資料，沒有任何一篇表明維他命 C 對任何癌症有療效（不管是口服還是靜脈注射，不管是大劑量還是小劑量）。美國國立癌症研究院，也是得到同樣的結果
- 「細胞分子矯正醫學」就只是一個唬人的名字，它所提倡的另類療法，包括靜脈注射大劑量維他命 C，非但不具任何療效，而且可能有反效果

3-8 白鳳菜、尼基羅草，救命仙草的吹捧

#紅鳳菜、三七草、吡咯里西啶生物鹼

2018 年 1 月，讀者 Calvin Yang 用臉書和我聯絡，內容如下：林教授您好，民間流傳「尼基羅草」可以抗癌、增強抵抗力、去水腫……不知其可信度？相關網站已傳至您的信箱，謝謝您！

白鳳菜不同於尼基羅草

讀者寄來的是「野夫的玩樂世界」部落格的一篇文章，發表於 2013 年 4 月，標題是「白鳳菜（尼基羅草，救命仙草），可當菜吃的顧肝野菜」。在這篇文章的下面，有四位讀者的回應，其中三位說：「白鳳菜不同於尼基羅草」，但並沒有解釋為何不同。其實，白鳳菜的確是不同於尼基羅草，而除了搞不清這一點之外，這篇文章的資料也是處處牛頭不對馬嘴，實在枉費為善助人的初衷。

有關白鳳菜的一些基本資料，最可靠的來源是「特有生物研究保育中心」的「台灣野生植物資料庫」[1]：白鳳菜的學名是 Gynura divaricata（subsp. formosana），常用的別名是「長柄橙黃菊」和「臺灣土三七」。它是臺灣特有的植物，分布於濱海地區，偶見於低海拔山區。另外，根據百度百科[2]，中國廣西一帶也有 Gynura divaricata，中文名是「白背三七」，別名是大救駕、大肥牛、土生地、白仔菜藥、散血薑等。

至於尼基羅草，我找不到任何一個獨立的可靠資料來源，所以就只能把一些我認為可靠的資料整理如下：「尼基羅」應該是印尼語 Ngokilo 的音譯。可是 Ngokilo 卻至少有兩個不同的植物學名。在英文或是較正規（學術性）的資料裡，大多是用 Stachytarpheta mutabilis。但是，在中文或是坊間的資料裡，大多是用 Gynura Procumbens。

好，既然大多中文資料是用 Gynura Procumbens，我就把尼基羅草當成是 Gynura Procumbens 來討論吧。讀者有沒有注意到，白鳳菜和尼基羅草的學名，都有 Gynura ？ Gynura 是分類學裡的一個「屬名」，中文翻作「三七草」。也就是說，白鳳菜和尼基羅草都屬於三七草屬。

同樣是屬於三七草屬的，還有一個更有名的，那就是紅鳳菜（學名 Gynura bicolor）。我曾發表關於紅鳳菜有毒的謠言澄清，在發表當天就得到近萬個點擊，直到現在還是每天有近百個點擊（已收錄於上一本書中）。這篇文章之所以會受到如此重視，是因為有傳言說紅鳳菜具有強烈的肝毒性，會導致肝硬化、肝癌等等。

我在紅鳳菜的文章裡說，紅鳳菜含有吡咯里西啶生物鹼（pyrrolizidine alkaloids），而此類生物鹼的確是具有肝毒性。那白鳳菜和尼基羅草，是不是也含有吡咯里西啶生物鹼呢？根據這一篇綜述論文[3]，白鳳菜是含有吡咯里西啶生物鹼。但是，我找不到任何醫學文獻說，尼基羅草含有吡咯里西啶生物鹼。

白鳳菜和尼基羅草的實驗

那，白鳳菜和尼基羅草，是不是像網路文章所說可以治百病呢？根據一篇 2009 年用老鼠做的實驗報告，白鳳菜萃取物是有降血糖的作用[4]。2018 年用老鼠做的實驗報告，白鳳菜萃取物是有抑制癌細胞生長的作用[5]。2015 年用老鼠做的實驗報告，尼基羅草萃取物是有治療脂肪肝的作用[6]。2016 年用老鼠做的實驗報告，尼基羅草萃取物是有降血糖的作用[7]。

還有兩篇用血管組織做的實驗報告說，尼基羅草萃取物有降血壓的作用。也就是說，所有的實驗報告都是用植物萃取物以及老鼠模型做出來的。如果您認為這樣的實驗結果就能證明白鳳菜和尼基羅草是可以治百病，那我祝您好運。

林教授的科學養生筆記

- 白鳳菜和尼基羅草都屬於三七草屬，但不是同一種植物。文獻顯示白鳳菜和紅鳳菜一樣含有具肝毒性的吡咯里西啶生物鹼。醫學文獻則沒有顯示尼基羅草有吡咯里西啶生物鹼
- 目前，所有關於白鳳菜和尼基羅草的實驗報告都是用「植物萃取物」以及「老鼠模型」做出來的，而這並不表示多吃它們就可以治百病

3-9 結石謠言大調查（上）

#肝膽腎結石、硬水、煮沸、礦物質、禁食

2018 年 3 月，讀者 Winnie 詢問「硬水」是否會造成腎結石。她的電郵是用英文寫的，重點如下：在我住的加拿大，當地人通常直接喝水龍頭的水或濾過的水，但沒有將水煮沸。父母對此非常不以為然，因為他們認為水龍頭的水是硬水（含有礦物質），會造成腎結石，而將水煮沸可以去除礦物質。Winnie 在電郵的最後自問：「可是，我們不正是需要礦物質嗎？」

硬水與腎結石無關

哈哈哈，問得好。人真的是很奇怪，一天到晚吃鈣片、鎂片，說是對這個重要，對那個有益。但是，同樣這個人，偏偏又想盡各種辦法，甚至花大錢，要把鈣和鎂從飲水中除去。

這種既荒唐又矛盾的現象，究其原因，其實很簡單，那就是被錯誤資訊誤導了。首先，我們來看看將水煮沸是否真的可以去除礦物質。自來水中的礦物質主要是鈣和鎂，而它們的含量越高，水就越「硬」。

自來水的硬度，各個地區不同，但通常是在中等硬度（100ppm）左右。水中的鈣和鎂主要是以碳酸氫鈣和碳酸氫鎂的形式存在，而將水煮沸可以使它們變成碳酸鈣和碳酸鎂的沉澱物。將這些沉澱物過濾後，水就被軟化了。

但是，水中的鈣和鎂也會以氯化鈣、硫酸鈣、氯化鎂、硫酸鎂等形式存在，而這類礦物質是無法用煮沸的方法去除。所以，將水煮沸只能局部地去除礦物質。

再來，我們來看看硬水是否真的會造成腎結石。我在加州大學泌尿科的同事馬歇爾・史托勒博士（Dr. Marshall Stoller）是腎結石的權威。他的團隊在 2002 年有發表一篇研究論文，標題是「鈣腎結石：水硬度對尿液電解質的影響」[1]。

該研究收集了全美 4,833 位鈣腎結石病患的資料，包括他們居住地區水質的硬度，以及他們得鈣腎結石的的頻率。結果，住在「最軟」地區的人一生中平均會形成三點四個鈣腎結石，而住在「最硬」地區的人一生中平均會形成三點零個鈣腎結石。

也就是說，喝「最硬水」的人竟然比喝「最軟水」的人，較不容易得鈣腎結石。史托勒博士在 2012 年有發表另一篇論文，標題是「老年女性鈣攝入量和腸鈣吸收對腎結石的影響：骨質疏鬆性骨折的研究」[2]。

該研究發現，增加膳食中鈣的攝取量可以使腎結石的發生率降低 45%至 54%。也就是說，如果你將水中的鈣去除，反而有可能會增加患腎結石的機率。這個說法並非危言聳聽，請看附錄中加拿大泌尿協會的文件[3]和美國城市的文件[4]。總之，**自來水，不管是軟或硬，都不會造成腎結石。而煮不煮沸，也與腎結石無關。**

補充說明：草酸鈣是腎結石裡最常見的一種。從膳食中攝取的鈣，有一部分會被吸收進入血液循環系統。沒有被吸收的那一部分，會和草酸結合，形成草酸鈣，跟糞便一起排出體外，降低草酸鈣在尿道裡形成的機率。

「不吃早餐」和禁食，與膽結石的關聯不高

2018 年 5 月，讀者 Eric Lo 詢問：我想嘗試早餐斷食，但坊間好多資料說不吃早餐容易有膽結石，請問教授意見如何，多謝分析。

的確，坊間是有一大堆中文和英文資料，說不吃早餐容易造成膽結石，而且，其中不乏是出自醫師和營養師之筆。可惜，這些傳

說頂多也就是「看一個影，生一個子」（台語，言之過早）。

在醫學文獻裡，僅有一篇真正有關「不吃早餐與膽結石風險」的研究報告，標題是「進食頻率和過夜禁食時間長度：會造成膽結石嗎？」[5]。其實，這篇所謂的研究報告，就只是僅僅佔了半頁的「短報」（Short Report），而且是發表在很久以前的 1981 年。研究共分析了四十七對條件相當的女性，而其中的半數患有膽結石（實驗組），另一半則沒有膽結石（對照組）。

結果發現，在四十七位患有膽結石的女性當中，有十一位是完全不吃早餐的，而在四十七位沒有患膽結石的女性當中，則只有四位是完全不吃早餐的。這樣的結果當然是值得注意，但是，離「不吃早餐造成膽結石」還差得很遠。所以，研究報告的標題才會打個問號，表示無法確定。

不管如何，在「吃早餐」與「不吃早餐」之間，唯一不同的地方是，前者禁食的時間大約是十二小時（晚上七點到隔天早上七點），而後者則大約是十七小時（晚上七點到隔天中午十二點）。

所以，在 1998 年有另一篇研究報告調查「過夜禁食時間長短與膽結石風險」的關聯性，標題是「在義大利的飲食和膽結石：MICOL 的橫斷性結果」[6]。調查結果是，禁食長過十二小時的人，比禁食短於十二小時的人，患膽結石的風險高約 30%。請注意，這項研究並非是在調查吃或不吃早餐，而是在調查過夜禁食時間是多或少於十二小時。

也就是說，根據這項研究結果，如果您的習慣是，在晚上七點吃完最後一口晚餐，然後在隔天早上七點零一分（或之後）才吃進第一口早餐，那您就屬於會患膽結石的高風險族群。

啊，其實我不應該說您，我自己不就是屬於高風險族群嗎？明天要趕快去照超音波！不管如何，在我跟您透漏我是否患了膽結石之前，我再提供給您一篇禁食與膽結石關聯性的研究報告。

大家都知道，在齋月（Ramadan）期間，穆斯林是必須在每天日出與日落之間禁食。所以，醫學界對於這種習俗是否有害健康，抱持高度好奇。在 2006 年有一篇研究報告，標題是「季節和齋月禁食對急性膽囊炎發作的影響」[7]。研究結果之一是：齋月禁食不會增加膽結石的風險。

所以，從這三篇絕無僅有的，跟「不吃早餐與膽結石風險」直接或間接相關的研究報告來看，這種風險是否真的存在，敝人實在不得不說：抱持高度懷疑。

林教授的科學養生筆記

- 2012 年的研究發現，增加膳食中鈣的攝取量可以使腎結石的發生率降低 45％至 54％。也就是說，如果你將水中的鈣去除，反而可能增加患腎結石的機率
- 自來水，不管是軟或硬，都不會造成腎結石。而煮不煮沸，也與腎結石無關
- 目前為止，「不吃早餐會造成膽結石風險」的科學報告，都沒有可信的證據

結石謠言大調查（下）

#茶、腎結石、草酸、肝膽排石法、疫苗

讀者許先生在 2019 年 4 月詢問：林教授您好，敝人習慣以茶代水（非濃茶），夏天以冷泡綠茶置於冰箱備用，冬天則現泡熱茶供飲。敝人已拜讀您網站內各篇駁斥喝茶有害的文章，今天又見新聞指「由於茶類富含草酸，長期大量飲用，將影響身體正常代謝，造成腎臟負擔，可能形成高濃度的草酸鈣結石，也增加腎衰竭風險。」綜合各種優缺點，請問就您的看法，以茶代水或大量喝茶是否合宜，謝謝。

科學證據：九成支持喝茶可以降低腎結石風險

許先生說的沒錯，我的確發表了好幾篇文章駁斥一大堆什麼喝茶會貧血、會便秘、會骨質疏鬆等等無奇不有的文章和報導。如今，讀者所詢問的文章是 2019 年 4 月發表在元氣網的，標題是「無糖茶當水喝為健康？當心提升腎結石風險」[1]。先來看第一段：

茶當水喝，當心提升罹患腎結石的機率。腎結石是指尿液中的礦物質沉積在腎臟裡，由於茶類富含草酸，長期大量飲用，將影響身體正常代謝，造成腎臟負擔，可能形成高濃度的草酸鈣結石，也增加腎衰竭風險。

的確，這種認為因為茶富含草酸而會造成腎結石的說法，已經行之有年，連幾位我認識的泌尿科醫師也都曾這樣說。但是，這種說法有科學證據嗎？我們現在來看從 1996 年到 2019 年，這二十四年來所有十一篇相關研究報告。

一、1996 年論文的結論：每天喝 240cc 茶可降低腎結石風險 14%[2]。

二、1998 年論文的結論，每天喝 240cc 茶可降低腎結石風險 8%[3]。

三、2005 年論文結論：綠茶可抑制草酸鈣結石的形成（老鼠實驗）[4]。

四、2005 年論文結論：茶有防止腎結石形成的功效[5]。

五、2006 年論文結論：綠茶有防止腎結石形成的功效[6]（老鼠實驗）。

六、2013 年論文結論：茶可降低腎結石風險 11%[7]。

七、2015 年論文結論：喝越多茶，腎結石風險越低[8]。

八、2017 年論文結論：喝越多茶，腎結石風險越高[9]。

九，2017 年論文結論：喝越多茶，腎結石風險越低[10]。

十、2019 年論文結論：喝綠茶可降低腎結石風險[11]。

十一、2019 年論文結論：沒有證據顯示喝綠茶會增加草酸結石風險[12]。

上面所列舉的十一篇論文裡，九篇說喝茶可以降低腎結石的風險，一篇說喝綠茶不會增加腎結石風險（最後一篇），而僅有一篇（第八篇）說喝茶會增加腎結石風險，那您相信誰呢？

哈佛大學網站有一篇 2007 年的文章，標題是「順帶一提，醫生：我是否該戒除喝茶來避免腎結石？」[13]。那是一位哈佛大學的醫生在回答讀者的提問，該讀者說，他的兩位朋友得了腎結石，而醫生叫他們要停止喝茶，所以他就想知道他是不是也應該停止喝茶。這位哈佛醫生回答說，他感到很困惑，因為很多證據顯示喝茶可以降低腎結石風險。

從此例可看出，可能有很多醫生認為喝茶會導致腎結石。所以，元氣網的那篇文章會說喝茶提升腎結石風險，也就不足為奇了。只不過，**百分之九十的科學證據認為，喝茶非但不會提升腎結石風險，反而可降低。**那，您是要相信 90%，還是 10% ？

肝膽排石法？轉型到更高領域

本書編輯在整理結石文章時，向我詢問幾年前大賣特賣的暢銷書《神奇的肝膽排石法》。她說此法風靡一時，信徒無數，有人相信真的可以免手術排出結石。所以，她希望我能查證科學證據。

編輯說的沒錯，《神奇的肝膽排石法》（The Amazing Liver and Gallbladder Flush）不但是暢銷書，而且直到現在，還是有很多人相信這個所謂的「排石法」能治百病。這本書在介紹原作者安德烈·莫瑞茲（Andreas Moritz）時是這麼說：一位阿育吠陀按摩（印度傳統醫學）、虹膜學（透過對眼睛的觀察及診斷，探知人體健康狀況）、指壓按摩及震頻能量醫學的開業醫。1954 年出生於德國西南部。1974 年完成虹膜學及飲食學訓練，1981 年開始在印度學習阿育吠陀醫學，1991 年在紐西蘭取得開業醫師資格。

這個介紹可以說是忠實翻譯自這位作者自己提供的「學經歷」。但是，有一個例外，那就是「1991 年在紐西蘭取得開業醫師資格」。有關這項經歷，原作者提供的原文是「1991 年在紐西蘭完成阿育吠陀按摩師的訓練」。但是，中文版所提供的卻是「1991 年在紐西蘭取得開業醫師資格」。

安德烈·莫瑞茲生於 1954 年 1 月 27 日，死於 2012 年 10 月 21 日，享年五十八歲。由於他的「名聲」響亮，又英年早逝，所以有關他的死因，難免會有諸多揣測，而其中包括他是死於「肝膽排石法」的說法。但是，說他死了，其實也不是很正確。畢竟，一直到現在，他的臉書還在發表文章和推銷那十六本「醫學」書籍[14]。他的臉書並沒有說自己死了，而是「轉型到更高領域」（transitioned to the higher realms)。這也就難怪會有這麼多人對他頂禮膜拜，敬之如神。

不管如何，《肝膽排石法》有科學根據或真的有效嗎？有一篇在2014年發表的論文，標題是「YouTube作為膽結石疾病患者信息的來源」結論是：半數以上有關膽結石的YouTube影片是誤導，而其中最嚴重的是鼓吹《肝膽排石法》。

其實，《肝膽排石法》是不是有科學根據或否有效，在原書上已經有很清楚的交代。書籍開頭有一頁法律聲明，其中有這麼幾句話，翻譯如下：

本書無意取代專門治療疾病的醫生的建議和治療。對本文所述信息的任何使用完全由讀者自行決定。對於因使用本書所描述的任何配方或程序而導致任何不良的影響或後果，作者和出版商概不負責。此處所做的陳述是僅用於教育和理論目的，而且主要是基於安德烈·莫瑞茲自己的觀點和理論。在服用任何膳食、營養、草藥或順勢療法補充劑之前，或在開始或停止任何治療之前，您應該始終諮詢保健人員。作者無意提供任何醫學建議或提供其替代品，並且不對任何產品、設備或治療做出任何明示或暗示的保證。除非另有說明，否則本書中的任何聲明均未經美國食品藥品管理局或聯邦貿易委員會審核或批准。

所以，毫無疑問，《肝膽排石法》主要是基於安德烈·莫瑞茲個人的觀點和理論，而如果它導致任何不良的影響或後果，使用的人要自行負責。

有關安德烈．莫瑞茲個人的觀點和理論，當然不在少數，畢竟，他在十三年內共發表了十六本書，而這些所謂的「醫學」書籍都有其「超凡脫俗」的見解。例如他生前所寫的最後一本書《疫苗國家》（Vaccine-nation），就說疫苗是在毒害整個人類。還有，他也寫了一篇很長的文章及錄了一支影片，說太陽眼鏡和防曬油是癌症的一個主要肇因（因為它們會阻擋陽光）[15]。

親愛的父老兄弟姐妹，如果看到這裡，您覺得還是意猶未盡，那就請點擊附錄的進階資料[16]。不管如何，這俗世凡間雖然不完美，但也還過得去，所以希望您能深思熟慮，不要急著想轉型到更高領域。

林教授的科學養生筆記

- 從 1996 年到 2019 年，這二十四年來的科學研究報告，有百分之九十都是認為，喝茶非但不會提升腎結石風險，反而可降低
- 《肝膽排石法》主要是基於安德烈．莫瑞茲個人的觀點和理論，也未經美國食品藥品管理局或聯邦貿易委員會審核或批准

早餐，重要還是危險？

#營養、行銷、在學能力

在結石的文章中講到，有人恐嚇不吃早餐會有膽結石風險（其實沒有可信證據），但也有人在鼓吹早餐是危險的一餐，例如這篇文章，標題是「牛津博士踢館每天最重要的一餐，四大迷思，不吃早餐真的會變笨又變胖？」刊登在 2017 年 8 月 14 日的《商業周刊》1552 期。這篇文章長達四頁，四個主題分別是：一、吃麥片，竟是最糟糕的選擇；二、沒吃早餐的學生，腦子反而更清醒；三、吃早餐，可能讓你吃更多。四、吃早餐才健康，是被扭曲的研究結果？

怎麼樣，夠不夠顛覆？這篇文章結尾，有一則賣書的廣告，書名是「我，不吃早餐」（Breakfast is a dangerous meal），出版社正是商業周刊。而此書的作者泰倫斯．基利（Terence Kealey）是個爭議性的人物。基利曾是英國白金漢大學的生化學教授及副校長，於 2014 年退休。他最受爭議的言論，就是主張廢止用政府（納稅人）的錢，來支助學術研究。這樣的主張，不管有無道理，是絕無可能實現的。要知道，政府支助學術研究，是科技發展的基石。所以，廢止它就等於是挖掉科技的基石。

不管如何，這本書的原名直翻是「早餐是危險的一餐」。所以，與此原書名相比，中文書名「我，不吃早餐」，可以說是溫和許多。但是，溫不溫和並不重要，真正重要的是，早餐真的危險嗎？

相信很多人都聽過「早餐吃得像國王，午餐吃得像王子，晚餐吃得像貧民」（Eat breakfast like a king, lunch like a prince, and dinner like a pauper.）從網路上可以看得出來，很多人以為這是一句古老的西方諺語。但其實，它是出自美國人安德爾．戴維絲（Adelle Davis）之口。此人生於 1904，死於 1974，所以她講的話還稱不上是古老。不管如何，此人是在 1940 到 1960 年代受到大肆追捧的營養學家，縱然是現在，她也還有一個在賣各種商品的同名網站[1]。

只不過，她的許多主張缺乏科學根據，因此被醫學界批評為「危險」。現代有許多營養學家，秉持此人的傳統，繼續散佈缺乏科學根據的主張。

有關此人的功過，也許以後我會再做進一步的說明。但是，今天在這裡，我就只談她所說的「早餐吃得像國王」。她的意思當然就是說「早餐是最重要的一餐」。可是，直到目前，還沒有任何人做過臨床試驗，證明早餐比午餐或晚餐重要。要知道，像這樣的臨床試驗，是極度困難，但又缺乏重要性。所以，大概不會有人傻到想嘗試。當然，「早餐是最重要的一餐」，也許只是誇大，目的只是要強調早餐對健康的重要。

好，縱然如此，第一個研究早餐對健康影響的臨床試驗，也要到 1982 年才發表，而此時安德爾．戴維絲已經過世八年。而這個 1982 年的臨床試驗發現，吃不吃早餐對學生的在學能力沒有影響[2]。

所以，我可以百分之百肯定的說，安德爾．戴維絲主張早餐的重要性，絕非是基於科學證據。不過，我當然知道，近年來，的確是有許多臨床試驗支持吃早餐有益健康的說法。更重要的是，這幾乎已經是普世公認的養生之道。

那，為什麼泰倫斯．基利會出一本書，說早餐是危險？他，是不是也像安德爾．戴維絲一樣，只是信口開河？我雖然沒看過他的書，但是從商業周刊的那篇文章，我知道他是有提供科學證據。關鍵在於，他提供的科學證據，是可靠的嗎？

答案是「公說有理，婆說也有理」，或「公說無理，婆說也無理」。不管有理無理，早餐有益健康的聲音，絕對是大過早餐有害健康。事實上，縱然是泰倫斯．基利本人，也不建議人人都不吃早餐。他說，小孩子應該吃，體重正常而喜歡吃早餐的人，也應該繼續吃[3]。所以，儘管書名是「早餐是危險的一餐」，作者本人卻對媒體說，大多數人應該吃早餐。由此可見，他用一個如此聳動的書名，目的也就只不過是要吸引注意，促進書的銷售。

而商業周刊的那篇文章也一樣，為了賺錢，誇大和聳動都是理所當然。總之，不管是「早餐吃得像國王」，還是「早餐是危險的一餐」，它們的出發點都只是為了行銷，而不是為了民眾的健康。您，大可放心地吃您的早餐，但也無需死心塌地以為不吃就會生病或折壽。

不管是「早餐吃得像國王」，還是「早餐是危險的一餐」，它們的出發點都只是為了行銷。目前，早餐有益健康的聲音，絕對是大過早餐有害健康。

林教授的科學養生筆記

- 不管是「早餐吃得像國王」，還是「早餐是危險的一餐」，它們的出發點都只是為了行銷
- 目前，早餐有益健康的聲音，絕對是大過早餐有害健康

水的謠言，無所遁形

#水治百病、水療法、溫開水、晨起喝水、中風

震驚世界的醫學發現，水治百病謠言之始

2018 年 7 月陳小姐利用本網站的「與我聯絡」詢問：請您解答「水進去體內的溫度決定壽命」這篇文章，尤其最後的結語是否也合情合理？讀者附的這篇文章內容實在太長，所以我只挑選了前面一小部分，摘錄如下：

震驚世界的醫學發現。口渴！意味著忍痛和提前死亡。趕緊喝一口水，看完要來一大杯，平日不待口渴就要喝！養成好習慣。睡前一杯溫開水，起床一杯溫開水更佳！本文作者：F．巴特曼博士。巴特曼博士是亞力山大．佛萊明，即盤尼西林發現者和諾貝爾獎得主的學生，他將畢生精力致力於研究水的治療作用。

有關「震驚世界的醫學發現」這個謠言，我曾在 2016 年 3 月發表一篇文章駁斥。那個時候，我這個網站才成立六天，再加上我認為那個謠言實在是太明顯了，所以就只輕描淡寫地幾句話帶過去。但很顯然，我低估了那個謠言的魅力，因為一直到現在，我還是經常收到它的轉傳。所以，這次我決定要下點功夫來抓這個陰魂不散的偽科學。

我說它是謠言和偽科學，但一定有很多人不同意，因為它並不是只出現在網路，而是記載在八本書裡，其中一本還是賣了超過百萬冊的暢銷書。這些書以及網路文章的作者的確就是這位所謂的「巴特曼博士」（Fereydoon Batmanghelidj）。此人是伊朗人，據說曾在英國的聖瑪麗醫院醫學院（St. Mary's Hospital Medical School）唸書。而由於發明盤尼西林的佛萊明是這個醫學院的教授，所以巴特曼就被說成是這位諾貝爾獎得主的學生。但是，縱然巴特曼真的曾在那個學校唸書，也不見得就是佛萊明的學生吧。這種假借名人，打腫臉充胖子的把戲，就是典型的假新聞、偽科學。

不管如何，巴特曼一輩子只發表過兩篇正式的醫學論文。第一篇是發表於 1983 年，標題是「消化性潰瘍的新型自然療法」[1]。第二篇是發表於 1987 年，標題是「疼痛：需要改變典範」[2]。這兩篇論文都只是抒發個人意見，與研究毫不相干。所以，他自己吹噓的什麼做過多少研究和治療過多少病人，全都是自說自話，毫無可查證之記錄可言。

有關巴特曼以及他的偽科學，網路上有兩篇敘述詳盡的文章。第一篇的作者是史蒂芬・巴雷特（Stephen Barrett）醫生。此人在退休後致力於揭露醫學方面的偽科學，成立了一個叫做 Quackwatch 的網站。Quackwatch 是 Quack 和 watch 兩個字的合併。Quack 是庸醫和江湖術士，而 watch 則是盯著、觀察、注意。所以，Quackwatch 就是專門在抓庸醫和江湖術士。史蒂芬・巴雷特醫生所發表的文章叫做「巴特曼醫生的幼稚『水療法』筆記要點」[3]。

第二篇文章的作者是哈利葉・霍爾（Harriet Hall）醫生。此人也一樣在退休後致力於揭露醫學方面的偽科學，她成立的網站叫做 The SkepDoc。SkepDoc 是 Skeptic 和 Doctor 兩個字的縮寫合併。Skeptic 的意思是懷疑者，Doctor 則是醫生，SkepDoc 的意思就是「抱持懷疑的醫生」。哈利葉・霍爾醫生 2010 年 1 月發表的文章，標題為：「水療法：自我欺騙和『孤獨天才』又一例」[4]。

這兩篇文章已經引經據典地駁斥巴特曼種種荒誕無稽的理論和聲稱，所以我就不再多言，有興趣的讀者可以去附錄點選連結觀看。我只想請問讀者，如果水真能治百病，那為什麼這世界上還會有醫院和醫生？您為什麼還要花大把錢買醫療保險，看醫生？還有（恕我有損口德），巴特曼為什麼無法治好自己的病，七十三歲就駕鶴西歸？

晨起喝水攸關性命？

2016年5月，收到一封電郵，標題是「哇哇哇，太棒了！這短片一定要看，能的話盡量轉傳。晨起喝水為了啥，喝多少，怎麼喝？與生命安危有關，嚇人吧？要看其中奧妙，就在影片中」。影片裡是一位中國大陸知名的保健專家，用自問自答的方式，說明為什麼早上醒來一定要馬上要喝兩大杯水。他說因為睡覺長達八小時，使得我們身體脫水，血液變得粘稠，造成血栓，導致急性心肌梗死及腦中風。

聽起來很有道理，是不是？事實上，網路上警告大家要多喝水，什麼時候喝，喝多少，什麼溫度，要不要加檸檬、加鹽等等的傳言，不管是中文還是英文的，多不勝數。有一個英文版的傳言也是呼籲晨起要喝水，但理由是可以「活化內臟器官」。這種荒唐的論調已經有人撰文批評，所以我也就不再浪費唇舌。但是，上面所提的中文版本，是來自一位醫生、知名的保健專家。所以，它的嚴重性是遠超過一般網路流言。

這位醫生說，因為睡覺長達八小時，所以醒來時身體會呈現缺水狀態。很不幸的是，這個說法是違背醫學知識的。睡覺時，我們的下丘腦會分泌抗利尿激素（antidiuretic hormone，又稱血管加壓素

vasopressin）。顧名思義，抗利尿激素的功能就是減少尿液的產生。也就是說，它能減少為了排尿而起床的次數，同時也能維持身體的水分。

讀者如想進一步了解，請參考這篇發表在極具權威的《自然》科學期刊的論文，標題是「為什麼在晚上身體不會渴」[5]。另外，醫學文獻裡也沒有任何資料顯示，晨起喝水真能降低發生急性心肌梗死或腦中風的機率。

林教授的科學養生筆記

- 將常見的物質（例如水和氧氣）講成可以治百病，是為了譁眾取寵的常見手段
- 睡覺時下丘腦會分泌抗利尿激素，能減少為了排尿而起床的次數，同時也能維持身體的水分，所以在晚上睡覺的時候，身體並不會渴
- 醫學文獻裡沒有任何資料顯示，晨起喝水真能降低發生急性心肌梗死或腦中風的機率

Part 4

食材謠言追追追

各種食材的謠言每天傳來傳去，但是真的有那麼恐怖嗎？其實，絕大部分食物裡面謠傳的有毒物質劑量根本很低，只要有正確的觀念加上飲食均衡，不用每天草木皆兵

4-1 木瓜謠言大集合

#木瓜籽、木瓜葉、豆漿、乳癌、吃能餓癌

網路上，關於木瓜、木瓜籽和木瓜葉可以治百病的傳言多如牛毛；但是，也有乳癌患者不能吃木瓜的謠言。本篇就是這幾年來，我對於這幾類謠言的科學查證整合報告。

木瓜籽治百病＝謠言

2017 年 4 月，我在臉書看到某中醫師轉載一篇吹捧木瓜籽文章，標題是「吃完別再扔掉它了！它不僅能抗癌、殺死寄生蟲、更對肝腎有強大的功效！」對我來說，這樣的標題幾乎可以確定是網路謠言，但不可思議的是，已經有許多人按讚。為什麼我直覺判斷是謠言的文章，卻有那麼多人（包括中醫師），會認為是值得讚賞的保健資訊呢？而一個人人丟棄的東西，竟然有這麼多令人跌破眼鏡的醫療功效，這還不足以引起你的懷疑嗎？為避免偏見，我把文章中所列舉的功效，在谷歌以及公共醫學圖書館 PubMed 一一查證。以下是那篇網路文章的內容和我的查證結果（括弧中文字）：

一、有利於肝臟健康。木瓜籽中的營養成分能治療肝硬化（沒有任何醫學報告）

二、能幫助肝臟排毒。有利於腎臟健康，木瓜籽能預防腎功能衰竭和改善腎功能（僅有一篇老鼠化學腎毒模型的實驗）

三、具有抗發炎的特性。木瓜籽具有強大的抗炎特性，可以緩解關節炎、紅腫、關節疼痛和其他炎性疾病（沒有任何醫學報告）

四、抗細菌和病毒的特性。木瓜籽可以抵抗病毒感染如登革熱等，還可以抑制有害細菌如大腸桿菌、金黃色葡萄球菌、沙門氏菌（沒有任何醫學報告）

五、對抗癌症，木瓜籽是一種很好的抗癌物質，能抑制癌細胞的生長。木瓜籽中含有一種有益化合物「異硫氰酸酯」，可以幫你戰勝白血病、結腸癌、乳腺癌、前列腺癌和肺癌等可怕癌症（僅有一篇老鼠化學肺癌及皮膚癌模型的實驗）

六、消滅寄生蟲木瓜籽中含有的生物鹼，可以殺死阿米巴寄生蟲和腸道蠕蟲等（有數篇老鼠模型的實驗）

七、木瓜籽是一種很有效的避孕藥（有數篇老鼠模型的實驗）

在所有有關木瓜籽的醫學文獻裡，只有「殺寄生蟲」和「避孕」，這兩個功效，是具有反覆印證的結果。值得注意的是，有關避孕一事，它指的不只是女性避孕，也是男性避孕。這方面的研究很多，例如以下這兩篇報告：

一、2003 年發表的研究發現，木瓜籽萃取物會對老鼠的子宮內膜及肌層，造成不可逆轉的傷害[1]。

二、2010 年發表的研究發現，木瓜籽萃取物會破壞老鼠的造精系統，導致精蟲數量、活性及活力的下降[2]。

木瓜籽萃取物可以殺菌和避孕，但要注意其毒性

為什麼木瓜籽萃取物會有如此破壞力呢？請看那篇網路文章裡的第五點（有關抗癌）：木瓜籽中含有一種有益化合物「異硫氰酸酯」。異硫氰酸酯真的有益嗎？事實上，異硫氰酸酯是許多植物為保護自己而合成的毒素，它也是木瓜籽裡最主要的生物活性化合物。幾乎所有木瓜籽的功效，不管是殺蟲還是避孕，都是由於它。

木瓜籽有相當高的脂肪含量（乾燥木瓜籽的油脂含量約 30%），所以已經有相當多的研究，希望能發展出食用木瓜籽油。但就是因為木瓜籽油含有高量的異硫氰酸酯，以至於這些研究目前還是處於「同志仍需努力」的階段。有關這一點，請看一篇 2015 年的綜述論

文，標題是「輻射和生物降解技術，用於解毒木瓜籽油，使之成為有效的膳食和工業用途」[3]。

「異硫氰酸酯」的英文是 Isothiocyanate，的確是有很多細胞培養和動物研究，顯示它可能可以治療多種疾病，但這不可以和木瓜籽混為一談。木瓜籽裡的主要成分是「異硫氰酸苯酯」（Benzyl isothiocyanate，BITC）。由於 BITC 對植物本身也有毒性，所以它的形成只有在木瓜籽被咬碎時，才會發生。也就是說，如果動物咬碎木瓜的種子，斷送其傳宗接代的機會，就得接受中毒的懲罰。最後提醒，藥與毒之間，往往只是劑量的差別。想要把木瓜籽當藥吃的人，一定要先確認是藥劑，而不是毒劑。

木瓜葉治百病也是謠言

2017 年 10 月收到一則 LINE，標題是「木瓜葉的功效，上了年紀的朋友可以參考，感謝來自美國網友陳鎮安先生的熱心提供。」其實，木瓜葉治百病的謠言，多不勝數，不過這則是我所見過手法最高明的。我曾發表過教讀者如何辨識謠言的文章，但由於只是「初級版」，不適用這一隻狡猾的狐狸。

所以，這次就借用這篇文章來教讀者「進階版」。首先，來看這篇文章標題裡的「上了年紀的朋友可以參考、感謝來自美國網友陳鎮安先生的熱心提供」。是不是很客氣，很有禮貌又親切？再來，我們來看標題裡的「陳鎮安先生」，第一段裡的「我和太太貞余、住在女兒佳霖的家、李鴻德敬致於美國南加州」。是四個「有名有姓」的人呢！怎麼能夠不相信？問題是，它們是真名真姓嗎，還是捏造出來的？

然後，我們再來看第二段的「起初，我不大相信，抱著姑且一試的心態，敷衍應付地喝了」，以及提供處方之前的「以上是我個人的親身體驗，不像網路上所流傳的，是真是假，讓人無從置信。所以我建議如下」。哇！看到這麼含蓄低調，溫馨誠懇的詞句，連我這個鐵面無私的抓鬼專家，心都軟了。那為什麼我還會說它是謠言呢？

第一、這位「李鴻德先生」太貪心了。他把太多不相干的毛病湊在一起，因而降低了可信度。你說，夜尿、尿失禁、白頭髮、腳底脫皮、兩腳水腫、糊狀糞便、指甲紋路 、記憶力，有可能同時都被木瓜葉治好或改善嗎？

第二、沒有科學文獻可以支持任何這位李鴻德先生所聲稱的治療功效。

第三、用「李鴻德、陳鎮安、貞余、李佳霖」做搜索，找不到可以證明他們是親友關係或曾使用過木瓜葉的資訊。

事實上，木瓜葉作為一種藥材，是行之有年的。只不過，它的用途絕非像這位李鴻德先生所說的那些。在馬來西亞，木瓜葉最常被用來治療胃腸不適、瘧疾和登革熱。其中，登革熱的治療算是比較有科學證據。但是，2016 年當地的華文報紙卻刊出藥劑師說明[4]：「含毒素可導致死亡，木瓜葉不宜治骨痛熱症。」（當地稱登革熱為「骨痛熱症」）

報導說，木瓜葉含有一種稱為生氰苷（cyanogen glycosides）的毒素，可導致服用者心臟和腎衰竭而導致死亡。不過，這個說法也立刻被馬來西亞政府反駁，請看這則報導「政府表示木瓜葉汁對於登革熱病患是安全的」[5]。不管如何，作為藥材時，木瓜葉通常是榨成汁或萃取成濃縮的粉末，而非像謠言所聲稱的用水煮。

「李鴻德先生」的這篇文章，雖然手法高明，但謠言終究還是謠言。總之，當一篇文章說，某一東西（尤其是意想不到的東西）具有多種醫療功效（尤其是八竿子打不著），那它九成以上不是謠言，就是誇大。希望這樣的分析，對讀者判斷網路文章真假，有所幫助。

木瓜是百藥之王＝東拼西湊的典型謠言

2018 年 7 月，讀者羅先生轉寄此信，標題是「范揚松推薦，木瓜是百藥之王」，節錄如下：日後腫瘤的新治療方法，不再是做化療、放療或手術，而是改變飲食並改善血管新生！本影片全長二十分鐘[6]，很棒的醫學常識，飲食是一日三次的化療！木瓜被 WHO 連續兩年評選為營養價值最高的水果，也就是水果之王啦……資料來源，美國農業部（USDA）2016 年網站。

這個謠言是典型的謠言，因為它東挑西湊又假借他人壯大聲勢。它所假借的事物是：范揚松、世界衛生組織、美國農業部以及一支影片。該影片的原始標題「我們能用吃來餓死癌嗎？」（Can we eat to starve cancer?）。只因為這支影片提到「吃」，所以這位謠言創造者就拿來支撐他說「木瓜是百藥之王、水果之王」等等胡扯了。

事實上，我在 2017 年 6 月就已發表文章批評此影片。我說：請注意「吃能餓癌」被說成是「醫學界即將掀起變革、最新的腫瘤治療」等等。但是，該影片已經在網上流傳八年多了。那請問有看到「醫學界掀起變革」或任何醫療機構採用這個「最新腫瘤治療」嗎？有人成功地用吃來餓死癌嗎？它還繼續留在網路裡，我都替它覺得不好意思。不管如何，我可以跟羅先生說，這個「木瓜是百藥之王」的確是謠言。

「乳癌患者不能吃木瓜和豆漿」是迷思

2018年12月，讀者Michelle回應：林教授您好，收到您的新書，迫不急待翻閱，真是受益良多。想請教您有沒有聽過「乳癌患者不能吃木瓜的訊息」（其說法是木瓜含有類雌激素，會促進乳癌細胞生長）？不過，也有很多資料表示木瓜是一等一的抗癌水果，不管是何種癌症患者都可以多吃。豆漿或黃豆製品，還有咖啡因究竟是否適合乳癌患者亦是眾說紛紜，即便是乳房專科醫師也有不同看法，令人十分無奈，不知該聽誰的？

在回答之前，請讀者先複習上一本書前言：「本書的書名之所以會叫做《餐桌上的偽科學》，是因為絕大多數的文章是為了回應讀者的提問而寫，而絕大多數的提問是關於某種保健品是不是真的有效，某種食物是不是真的可以預防這個治療那個，或是加強這個降低那個。這麼多吃的問題，究其原因，主要是因為網路上琳瑯滿目的保健品營養素，說是能補這個顧那個。再加上人手一機，猛點瘋傳，好康鬥相報。但是，套句英文俗語 Too good to be true，聽起來太好的東西往往都是假的。」

好，我現在來回答讀者的問題。關於「木瓜含有類雌激素，會促進乳癌細胞生長」的說法，我在網路上看到的是「木瓜含有類雌激素，可以豐胸」。但是，**不管是「木瓜含有類雌激素」，或是「木瓜會促進乳癌細胞生長」，或是「木瓜可以豐胸」，醫學文獻裡都沒有如此的記載。**

醫學證據：黃豆製品可以預防或抑制乳癌

至於讀者問的豆漿或黃豆製品會促進乳癌的說法，這的確是一個廣為流傳的錯誤觀念。例如 2013 年 4 月發表在 TVBS 的新聞報導「男大生罹乳癌！醫疑豆漿當水喝過量」[7]，就很顯然是此一迷思的進階版。只不過，事實上，**醫學證據是一面倒地認為黃豆製品可以預防或抑制乳癌**。不信的話，請看下面這五篇臨床試驗或回顧論文：

一、2008 年論文結論：迄今為止的證據表明亞洲人的大豆食物攝入量可能對乳癌有預防作用[8]。

二、2009 年論文結論：在患有乳癌的女性中，大豆食物的攝取與死亡和復發風險降低有顯著的關係[9]。

三、2012 年論文結論：在這項關於美國和中國女性綜合數據的大型研究中，診斷後攝取大豆食品 >10mg 異黃酮 / d 與降低乳癌復發風險有顯著關係[10]。

四、2013 年論文結論：我們的研究表明，大豆產品之攝取與較低乳癌風險相關[11]。

五、2016 年論文結論：深入的風險評估（EFSA 2015）得出的結論是，充足的人體數據並未表明異黃酮與乳腺、子宮和甲狀腺中激素敏感組織的潛在相互作用可能產生任何可疑的有害影響。這是通過長期每天攝入至少 150 毫克異黃酮至少三年的持續時間來確定安全性。此外，高量異黃酮之攝入對乳癌具有預防作用。臨床發現表明即使在使用他莫昔芬或阿那曲唑治療乳癌期間，異黃酮仍具有潛在的益處[12]。

林教授的科學養生筆記

- 在木瓜籽的醫學文獻裡，只有「殺寄生蟲」和「避孕」具有反覆印證的結果。其含有的「異硫氰酸酯」的確有很多細胞培養和動物研究，顯示它可能可以治療多種疾病，但這不可以和木瓜籽混為一談。
- 在馬來西亞，木瓜葉最常被用來治療胃腸不適、瘧疾和登革熱。其中，登革熱的治療算是比較有科學證據
- 「木瓜是百藥之王」，是一篇典型東拼西湊的網路謠言
- 不管是「木瓜含有類雌激素」，或是「木瓜會促進乳癌細胞生長」，或是「木瓜可以豐胸」，醫學文獻裡都沒有如此的記載
- 豆漿或黃豆製品會促進乳癌的說法，是一個廣為流傳的錯誤觀念。醫學證據是一面倒地認為黃豆製品可以預防或抑制乳癌

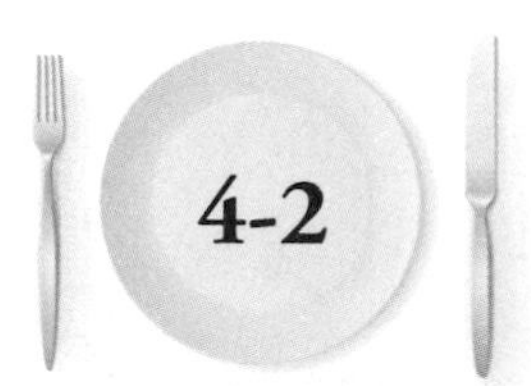

4-2 勾芡、太白粉與修飾澱粉有害傳言

#太白粉、芡實、澱粉、樹薯粉、修飾澱粉、粉圓珍珠

2017 年 4 月，在台灣的圖書館等電梯時，聽到一位女士跟同伴說：勾芡不要用太白粉，要用番薯粉。我回家後就做了一些搜尋，發現勾芡還真是一個鬧熱滾滾的議題。巧的是，當天就收到一封跟勾芡有關的電郵，標題是「阿基師的忠告：亂吃東西中年以後會很痛苦」[1]。

勾芡有害的起源

根據我的搜尋，「勾芡有害」的說法早在 2001 年就已經出現[2]。而這個說法是包含兩部分，一是「太白粉有毒」，二是「勾芡的菜餚對健康有害」。先來看看太白粉有毒，到底是啥道理。這個說法的原始句子是這樣：「我的烹飪老師是西餐工會理事長雷良溪老先生，他一再說太白粉連蟑螂都不碰，是很毒的東西，寧以蕃薯粉代替，請注意。」可是，原文卻沒有解釋太白粉為什麼是很毒的東西。為此，我搜尋很多資料，得到如下的結論：

「芡」是屬於睡蓮科的水生植物（學名 Euryale ferox）。由於其果實型似雞頭，所以俗稱「雞頭蓮」。此果實（稱為芡實、芡米或雞頭米）就是勾芡用的芡粉的最初來源。但是，現在勾芡用的粉，已經不再是用「芡」做成的。在美國最常用的，是用玉米做成的。在台灣最常用的，則是用馬鈴薯或樹薯（木薯）做成的。另外，在台灣也有用番薯或蓮藕做成的芡粉。為什麼這些不同的植物都可以做成勾芡用的「粉」呢？答案很簡單：因為它們都含有澱粉，也就是說，勾芡用的粉，就是澱粉。

澱粉是由數十個葡萄糖連接而成的聚合物，會在水中沉澱，而在乾燥後會成為粉末，這也是它名字的由來（澱粉＝沉澱粉末）。我們人類的主食，像米、麥、馬鈴薯，都含有大量的澱粉。所以，「勾芡有害」這個說法，是不是很奇怪？

勾芡是否有害，等一下再談。現在，再回到為什麼會有「太白粉有毒」這一說法。在台灣，太白粉是用馬鈴薯或樹薯做成的，用馬鈴薯做的沒問題，但用樹薯做的，則「可能有問題」，請看下一段解釋。

樹薯有苦和甜（其實只是不苦）兩種，它們都含有氰酸，只不過，苦的含有較大量（約甜樹薯的五十倍）。所以，樹薯必須經過處理（浸泡、發酵、烹煮）去除氰酸，才可食用。可能就是因為樹薯含有氰酸，才會有「太白粉有毒」這種說法，但用樹薯做成的食品都已去除氰酸，所以，不會有食安問題。事實上，波霸奶茶裡的珍珠，就是用樹薯粉做成的。另外，工業用的太白粉如被當做食用，則是食安問題。那，「勾芡的菜餚對健康有害」這個說法，又是怎麼回事？ 2001 年流傳的那篇文章說「容易引起痛風及糖尿病等慢性病」，但卻沒有解釋為什麼。

到了 2010 年，有解釋了。它是出現在 2010 年 2 月 4 日的華視新聞，標題是「熱量高負擔大，勾芡少吃為妙」[3]，摘錄如下：「因為太白粉是純澱粉，吃多不但容易發胖，而且芶芡溶解後，在人體內吸收速度，是米飯的三倍，糖尿病患吃多還可能發病，甚至容易過敏的小朋友，還可能產生氣喘。」

但是，這個說法有科學根據嗎？想想看，就那麼一點點芡汁，會導致發胖、讓糖尿病患發病、引發氣喘？這個新聞也未免想像力太豐富了吧。不過，還好這個新聞很孤單，沒人轉傳。但是，2012 年的文章「阿基師的忠告：亂吃東西中年以後會很痛苦」，就不一樣了。它不但熱傳，而且到現在都還在傳。更不可思議的是，許許多多的所謂的健康網站（包括中醫），也都還在轉載。

這實在是說不過去。因為，早在隔年（2013）台灣的媒體就大肆報導，阿基師將對發文者提告，而這個資訊搜尋一下就可看到。那為什麼還在傳，還在轉載？我想，應當是那個標題有夠聳動。所以，管它是真是假，只要有人點擊，就會有廣告收入，何樂而不為。

「修飾澱粉」的安全性

讀者 Neo Kuo 在勾芡文章留言回應：據說勾芡有害問題在「太白粉」，因為聽說太白粉除了含有天然澱粉外，為了減少成本增加勾芡濃稠度與穩定度會加入「修飾澱粉」，讓粉量增加容易勾芡達到順口滑嫩並減少成本的目的，不知道林教授可以幫我們解疑嗎？

先跟讀者解釋，我在前文主要是在駁斥一個廣為流傳的謠言「阿基師忠告：亂吃東西中年以後會很痛苦」。這個謠言裡所講的「太白粉有毒」，我有說，在台灣，太白粉是用馬鈴薯或樹薯做成的，如果是用馬鈴薯做成的，完全沒有問題；如果是用樹薯做成的，則「可能有問題」(因為樹薯含氰，但用樹薯做成的食品都已去除氰酸，所以不會有食安問題)。

現在，這位讀者提到的「修飾澱粉」，則完全是另外一回事。修飾澱粉，顧名思義，就是「被修飾過的澱粉」，而所謂「修飾」，指的是用化學、物理（例如溫度)或酶反應的方法，來改變澱粉的性質。

那，為什麼要改變澱粉的性質？原因很多，例如為了增加澱粉的穩定度（耐高溫、強酸或冷凍），或為了增加或減少澱粉的粘度，或為了延長或縮短澱粉的凝膠化時間等等。舉個例來說好了，用熱水沖泡即可食用的穀粉與湯料，就是添加了預糊化的修飾澱粉，而所謂預糊化澱粉，就是經過加熱和乾燥所製成的澱粉。

修飾澱粉的種類繁多，但是，可以合法用於食品的大概是二十多種。而所謂合法，當然是指經過反覆試驗證明對人體無害。所以，「通常來說」，我們是不需要擔心吃到修飾澱粉。問題是，2013年在台灣爆發的「毒澱粉」事件，已經在民眾心中劃下一道抹不去的陰影。這個俗稱的毒澱粉，正式名稱是「順丁烯二酸酐化製澱粉」或「馬來酸酐化製澱粉」，它可以使粉圓、肉圓、珍珠等講究Q彈的食物更Q彈。

「順丁烯二酸酐化製澱粉」沒有被核准可以直接用來製成食品，也因如此，才會被媒體冠上「毒」這個頭銜。可是，它真的有毒嗎？我曾發表「水喝多了也會中毒」(請看256頁)，目的是要告訴大家，**任何一個物質都可能有毒，關鍵是在於劑量。在高劑量下，連我們賴以為生的水和氧氣，都是有毒的。**

所謂的「毒澱粉」，到底是否真的有毒，在台灣是正反兩派吵個不休。但顯然，說有毒的那一派是佔了上風。畢竟，把這個東西「故意」加進食物裡，是一項非法行為。

但就科學層面來說，所謂的「毒澱粉」到底是毒到什麼程度呢？事實上，根據美國和歐盟的法規，雖然「順丁烯二酸酐」是不可以被「故意」(直接)加入食品裡，但是卻是可以被「無心」(間接)加入食品裡。而所謂無心或間接，指的是，例如「順丁烯二酸酐」

是可以合法地用在食物的包裝材料裡，而當它從包裝材料轉移至食物本身，是合法的。也就是說，食物裡含有「轉移」過來的「順丁烯二酸酐」，是合法的。

亞太經濟合作（APEC）2014年在首爾舉行了一個工作小組會議，名稱是「基於風險分析的食品檢驗能力建設研討會」（Workshop on Improved Food Inspection Capacity Building Based on Risk Analysis）。在這個會議裡，台灣食藥署提交了一份報告（幻燈片演講），名稱是「馬來酸酐化製澱粉在食品中的汙染」[4]，主要是在敘訴食藥署是如何調查及處理「馬來酸酐化製澱粉」這個事件，所以也就附帶著提供了一些馬來酸酐的毒性數據：

1. 在老鼠的急性中毒劑量（LD50）是每公斤四百毫克
2. 沒有生殖、發育、遺傳或致癌的毒性
3. 在老鼠的腎傷害測試是，每天每公斤一百毫克，持續兩年，沒有出現腎毒性

這份報告還說，假設珍珠粉圓每公斤含有四百毫克的馬來酸酐，那我們就需要每天吃超過二百五十顆（七十五公克）珍珠，才會「超標」（超過每日允許攝入量）。所以，就這些資料而言，所謂的「毒澱粉」，其實毒性是很低的。但是，我很清楚地了解，如果在台灣公開這樣講，一定是會被叮得滿頭包的。

不管如何，根據這份報告，「馬來酸酐化製澱粉」在台灣的檢驗陽性率已經從 2013 年 4 月和 5 月的高峰（53.8%）降到 6 月的 0%。所以，這個事件應該算是已經徹底平息了。

至於讀者所說的「為了減少成本增加勾芡濃稠度與穩定度會加入修飾澱粉」，這可以說是毫不意外。畢竟，這就是「修飾澱粉」的用途。只不過，它卻很容易被有心人士利用來炒作新聞、製造恐懼、增加知名度或廣告收入。不管如何，如果您還是擔心「修飾澱粉」，那就少吃外食。只要是偶爾為之，縱然是所謂的毒澱粉，也不會讓您中毒的。

林教授的科學養生筆記

- 在台灣最常見的是馬鈴薯或樹薯（木薯）做成的芡粉，番薯或蓮藕做成的也有，共通點就是都為澱粉
- 「太白粉有毒」這種說法可能是因樹薯含有氰酸，但用樹薯做成的食品都已去除氰酸，所以不會有食安問題
- 修飾澱粉的種類繁多，合法用於食品的大概是二十多種。所以，「通常來說」，我們是不需要擔心吃到修飾澱粉
- 根據亞太經濟合作（APEC）2014 年台灣食藥署提交的報告顯示，所謂的「毒澱粉」，其實毒性是很低的

增筋劑的安全分析

#食品安全、食品添加物、麵粉、瘦肉精、偶氮二甲醯胺

2017年初，看到台灣的電視新聞在報導「增筋劑」對健康的危害。這讓我覺得很奇怪，因為這已經是快三年的舊聞了，怎麼現在又死灰復燃。早在2014年就有人放出風聲說，快餐連鎖店Subway的麵包是用「鞋墊塑膠」原料配製的（後來又有說是瑜伽墊塑膠）。如此風風雨雨地吵了幾個月，而被點名的連鎖店也擴增到數十家，包括星巴克和麥當勞等等。

那，增筋劑到底是啥東西，它真的有害嗎？增筋劑這個詞就像我上一本書中提到的瘦肉精一樣，都是中文特有的，並沒有對等的英文詞。它也跟「瘦肉精」一樣，好記好用，但卻容易造成誤解。

增筋劑的英文名稱，最常用的就是化學名azodicarbonamide（ADA），中文翻成「偶氮二甲醯胺」。根據美國FDA規定，凡是含有此一添加物的食品包裝上，都需以此化學名做為標示[1]。至於這個添加物在台灣是如何標示，我看到食品藥物管理署給它的准用許可字號是 07078[2]，也看到一篇中文的網文說，曾經看到包裝上以國際食品添加物代碼 927a 做為標示[3]。但是，在台灣真正是如何標示，我無法確定。

不管如何，關心增筋劑的人應該都知道，它是用來增加麵食的Q彈度。所以，增筋劑就很容易被誤解成是會增加麵粉的「筋」。大多數人知道，麵粉有高筋、中筋、低筋之分。這個「筋」，所指的是麵粉裡所含的 gluten（翻譯成穀蛋白、麵筋或麩質）。

「穀蛋白」是麥子類穀物所特有的蛋白質，而也就是因為它，麵食才會有其他穀類不具有的Q彈感。而所謂高筋、中筋、低筋，指的是蛋白質含量分別是 11.5 到 14%（適合做麵包），9.5 到 11.5%（適合做饅頭），以及 6.5 到 9.5%（適合做蛋糕）。

麥子的蛋白質含量是取決於品種及種植環境，而麵粉的蛋白質含量是取決於生產的配方。所以，增筋劑既然不會增加麵粉的「穀蛋白」，它就不會增加麵粉的「筋」。

那，增筋劑增加的，到底是什麼？當麵粉在被揉製成麵團時，裡面兩個主要的蛋白質，「穀膠蛋白」（gliadin）和「麥穀蛋白」（glutenin），就會相互結合，形成類似橡皮的結構，也就是所謂的麵筋。增筋劑的作用是將穀蛋白的「巰基群」（sulfhydryl group）氧化[4]，使得麵團更加粘稠。這個氧化作用發生地很快，大約兩分半鐘就完成。而其所形成的麵團，比較能承受機器的加工。所以，增筋劑所能增加的，不只是麵食的Q彈度，還有機器加工麵食的品質及生產效率（麵條不易斷，餃子皮不易碎等等）。

那，增筋劑有害健康嗎？**增筋劑本身是會造成呼吸道疾病，但是，因為它在麵食製作過程中會被分解，所以，增筋劑本身對消費者並不構成威脅。**增筋劑在麵食製作過程中，會被分解成一些小分子，而其中有一個叫做「氨基脲」（semicarbazide）在大量的情況下，會在母的小白鼠（female mice）身上致癌，但不會在公的小白鼠（male mice）或大白鼠（rats）身上致癌。目前也沒有證據顯示，「氨基脲」會在人身上致癌。

儘管美國FDA允許使用增筋劑，但在食安人士的壓力下，幾家知名速食餐飲（如Subway）還是決定放棄使用增筋劑。台灣新聞對增筋劑的報導也都很負面，所以，也難怪食品藥物管理署已表示會考慮禁止增筋劑。若真如此，很多台灣美食可能就不再那麼美了。最後，本文並非為增筋劑辯護，只是希望讀者不要被新聞報導嚇得寢食難安。

林教授的科學養生筆記

- 增筋劑本身是會造成呼吸道疾病，因為它在麵食製作過程中會被分解，所以，增筋劑本身對消費者並不構成威脅

4-4 蕨菜與過貓致癌查證

#原蕨苷、胃癌、食道癌

2016 年 9 月，好友寄來一則電郵，標題是「警告：有一樣蔬菜我們常吃，但科學證實它有強烈致癌性，千萬別再吃了！」文章的重點是貴陽醫學院藥理學教研室的黃能慧等數位專家，用老鼠做實驗，發現蕨菜有誘癌作用和促進腫瘤生長。

超過五十年的蕨菜研究

看到這樣的文章被刊登在包括「健康新視界」等許許多多所謂的健康資訊網站，真是讓我為這些網站的存在感到悲哀。「蕨菜致癌」的科學研究，已經超過五十年了。第一篇用老鼠做實驗的論文是發表在 1965 年[1]，目前相關的論文也已多達一百三十八篇。

所以，這個什麼貴陽醫學院的研究，算得上是新發現嗎？難道也沒看到，這個研究只是發表在貴陽醫學院自家的「學報」，根本就出不了門，更不用說登上國際舞台了。像這種後生晚輩，模仿前人的角色，也值得大肆報導？

好了，牢騷發完，來看看「蕨菜致癌」的真相吧。台灣行政院農業委員會是這麼說：過溝菜蕨（或稱「過貓」）為蹄蓋蕨科，與網路所傳含致癌物質的拳蕨（碗蕨科）為不同植物。過溝菜蕨並無致癌成分。過溝菜蕨為蹄蓋蕨科，學名 Diplazium esculentum (Retz.) Sw.，與拳蕨（碗蕨科）學名 Pteridium aquilinum (L.) Kuhn var. latiusculum (Desv.) Underw. ex Heller 為不同作物[2]。

這個說法有些對，也有些錯。的確，被發現會致癌的蕨類是 Pteridium aquilinum，它最被廣為知曉的英文名是 Bracken fern（或 Bracken）。所有的科學研究報告都是同時用 Pteridium aquilinum 這個學名與 Bracken fern 這個俗名。查英漢字典或谷歌，Bracken fern 就只是翻譯成「蕨」或者「蕨菜」。所以，在接下來的文章裡，我也只能用 Bracken fern。

但是，台灣真的不吃 Bracken fern 嗎？可以確定的是，食用 Bracken fern 是全球性的。尤其是在日本跟韓國（分別叫做 Warabi 跟 Gosari），各式各樣的相關產品（例如蕨餅）到處可見。

那，有誰可以保證 Bracken fern 或其相關產品不在台灣的市場或餐廳被販賣？難道說，政府有相關的管理措施，或一般民眾有能力分辨會致癌與不會致癌的菜蕨？下一段文章，我們就來分析 Bracken fern 是否真的會致癌。

蕨菜的致癌成分：原蕨苷

前面我提到有大量的研究在探討 Bracken fern 是否會致癌。我也提到，第一篇用老鼠實驗證實 Bracken fern 會致癌的報告，是發表於 1965 年。那為什麼要做這個老鼠的實驗？原因是懷疑牛隻是吃了 Bracken fern 而得了膀胱癌。為什麼會發現牛隻得了膀胱癌？因為牛隻吃了 Bracken fern 後會排血尿，而其膀胱被發現有腫瘤。就這樣，Bracken fern 致癌的研究已進行了五十多年。

當然，之所以能持續這麼久，不會只是因為人類關心牛隻的健康，我們真正關心的是人類本身的健康，因為食用 Bracken fern 是全球性的人類文化。而可能因為食用 Bracken fern 在日本是尤其重要，許多關鍵性的研究是出自日本科學家。

在一篇發表於 1983 年的報告，一個日本團隊從 Bracken fern 分離出一個後來命名為「原蕨苷」(Ptaquiloside）的化學分子，並證實它可讓老鼠致癌。原蕨苷之所以會致癌，是因為在鹼性的環境下，它會轉化成 dienone，而 dienone 會破壞 DNA。由於原蕨苷致癌需要鹼性的環境，所以在實驗老鼠的身上，癌通常是發生在鹼性環境的器官，如迴腸及膀胱。

但是，因為我們不可能拿人來做實驗，所以目前有關 Bracken fern 是否會對人致癌的研究，都只是一些病因學的調查和統計。而這些研究，確實是支持 Bracken fern 會對人致癌。但是，很奇怪的是，這些調查顯示，與人類最有關聯性的癌，並非迴腸癌或膀胱癌，而是胃癌和食道癌。這個困惑目前並沒有合理的解釋（尤其胃是酸性）。

有關胃癌，有一說法是，野外放牧的牛羊會吃 Bracken fern，而牠們的奶被發現含有原蕨苷。所以人喝了這種奶，由於奶可以中和胃酸，使得原蕨苷有機會致癌。但是，這與日本人得胃癌似乎沒有關聯。

且不管這些困惑，需要注意的是，**Bracken fern 的全株各部位，包括根、莖、葉和孢子都有。所以，不要因為 Bracken fern 長得很漂亮，就把它種在院子或屋裡，小心其孢子是會到處飄的。**

還有，Bracken fern 也被證實會釋放原蕨苷而汙染土壤和水源。這種環保的擔憂使得英國在 2010 年啟動全國性的土壤調查。其他國家，如紐西蘭、澳洲、加拿大、丹麥、義大利等等，也都有相關的報告。

但是，儘管聽起來如此可怕，Bracken fern 對人類健康的威脅，還是相當有限。**就食用蕨菜而言，不管是會致癌的 Bracken fern，**

或不會致癌的過貓，只要是偶爾為之，不貪多，就無大礙。Bracken fern 其實還有其他多種毒素，不過它們對人類健康的嚴重性遠不如原蕨苷，所以我也就不再多談了。

最後的最後，我希望讀者在看過這篇文章後，不會再受網路流言的恐嚇威脅。畢竟，Bracken fern 其實就像我們生活中很多其他「有毒」的食物一樣，只要注意：一不生吃，二不多吃，三不常吃，就好了。

過貓不含致癌成分

另外，關於過貓是否會致癌，攸關台灣同胞的健康，所以儘管已發表了上述文章，我還是繼續搜尋有關蕨類致癌的資料。結果皇天不負苦心人，總算找到了兩篇有關過貓是否含有「原蕨苷」的研究報告。這兩篇報告都是發表在期刊《當前科學》(Current Science)，這本科學期刊是在印度發行，並沒有被公共醫學圖書館 PubMed 收錄。也就是因為這樣，才如此難找。

在 2006 年發表的報告裡[3]，一個印度團隊採集他們國內許多不同地區的八種蕨類，然後檢測它們的成體或嫩芽裡「原蕨苷」的含量。結果，在十一個過貓的樣本裡，有十個是零，有一個是非常低量。

在2012年發表的報告裡[4]，同一個團隊又檢測了他們國內十六種蕨類的「原蕨苷」含量。結果，所有過貓的樣本都是零含量。所以，根據這兩篇報告，可以推測台灣的「過貓」應該沒有致癌性。

不過，有一個關鍵問題是，當餐館端上一盤過貓，你能確定它真的是「過貓」嗎？如果它其實是那種含有「原蕨苷」的蕨菜，怎麼辦？要回答這個問題，首先要知道蕨菜致癌的實驗是怎麼做的。這些實驗都是讓老鼠大量地吃蕨菜，天天吃，吃好幾個月。這當然與人類，尤其是台灣人吃野菜的習慣大不相同。所以，我個人的意見是，縱然吃到含有「原蕨苷」的蕨菜，得癌的機率還是微乎其微。

過貓與不孕實驗

前面文章提到一個印度團隊的研究報告表明，過貓不含致癌物「原蕨苷」。所以，過貓不會致癌，應該是毋庸置疑。另外，頗有趣的是，在搜尋有關過貓科學資料的過程中，我發現，絕大部分的此類研究是出自印度科學家。而印度人以及孟加拉人，除了將過貓的嫩葉當成食物之外，也把過貓的根、莖、葉製成草藥，來治療各種病（如咳嗽、咯血、便秘、休克、腸道寄生蟲等等）。

所以，大部分的這些研究都是說，過貓有豐富的營養、有多種有益的藥理作用等等正面的評價。但是，在一篇發表於 2016 年六月的研究裡，一個兩人組的印度團隊竟然發現一個前所未聞的負面作用[5]。

他們給小白鼠吃用水煮過的過貓一百八十天。結果發現，吃越多過貓的老鼠，睪丸越輕，活精子越少，繁殖率越低。而用顯微鏡觀察也發現，這些老鼠的的輸精管直徑、周長和面積都顯著下降，而空輸精管（沒有精子）的百分比則顯著增加。

所以，由此可見，食用過貓可能會造成男性不孕。但是，這並不是我要給讀者的訊息。相反地，我是希望我這篇文章能預防可能會發生的流言。如果有一天你在網路上看到「警告！吃過貓會導致不孕！趕快轉發！」之類的流言，你就大可以不必緊張。

你可以告訴轉發流言給你的朋友，那只是個老鼠的實驗。那些老鼠是天天吃，吃一百八十天。我們人不是這樣吃過貓的，放一百八十個心吧。總之，不管流言是不是會發生，就把這篇文章當成食物趣聞吧。

林教授的科學養生筆記

- 蕨菜致癌的實驗是讓老鼠大量地吃蕨菜，天天吃，吃好幾個月，這與人類吃野菜的習慣大不相同。所以，我個人的意見是，縱然吃到含有「原蕨苷」的蕨菜，得癌的機率還是微乎其微
- 就食用蕨菜而言，不管是會致癌的 Bracken fern，或不會致癌的過貓，只要是偶爾為之，不貪多，就無大礙
- 因為蕨菜的全株各部位都有（會讓老鼠致癌）「原蕨苷」，不要因為蕨菜長得很漂亮，就把它種在院子或屋裡，小心其孢子是會到處飄的

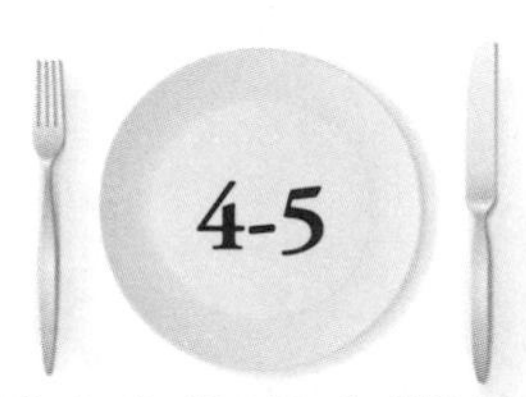

4-5 再談可可效用與阿茲海默的預防

#阿茲海默、巧克力、記憶力、可可類黃酮、表兒茶精

2019 年 4 月 17 日，我去位於內湖的「壹電視」新聞台接受採訪，原因是「ㄟ播尚健康」節目主持人張心宇主播是我的忠實讀者，而他想要介紹我的書給觀眾。在訪談裡他提出了二、三十個問題，而其中之一是「巧克力能防阿茲海默症嗎？」。

巧克力預防阿茲海默症的後續報告

這個議題的源頭是書中的一篇文章提到「巧克力能防阿茲海默症？」，這是我近三年前（2016 年 7 月）發表的文章，所以我給張主播的答覆是比較新的資料，由於這個議題備受關注，所以我就在下面更詳細地討論這些新資料。

在舊文中，我說，網路上流傳的「連續飲用可可三個月 平均大腦年輕二十歲」是有科學根據的，而我所指的科學根據是一篇發表於 2014 年的臨床研究論文[1]。

這項研究原本共招募了四百一十七位志願者參與，但最後只有三十七人完成整套試驗。而這三十七人又是分成四組，所以每一組也才只有九人。這樣小的實驗樣品實在是很難達到有效的統計數值。還有，志願者所服用的並非可可，而是從可可萃取出來的類黃酮。所以，雖然「連續飲用可可三個月，平均大腦年輕二十歲」是有科學根據，但這個科學證據是相當薄弱的。

在前文我也說，這個研究團隊還繼續在招募自願者，目的是希望能進一步證實可可或類黃酮對大腦的好處。但是，都已經快三年了，他們的網站顯示還繼續在招募自願者，但卻沒有任何新的實驗數據。由此可見，這項臨床試驗還有很長的路要走。

不管如何，在 2017 年 5 月，有一篇綜述論文發表，標題是「用可可類黃酮增強人的認知功能」[2]。由此可見，可可及其類黃酮對認知功能是被正面看待。

最後，請注意這篇文章提到的是「可可類黃酮」，而不是一般人愛說的「巧克力」。事實上，真正用巧克力做出來的實驗是少之又少，而究其原因，其實很簡單，因為巧克力產品多不勝數，很難標準化。不管如何，一個專門提供失智症資訊的網站 Alzheimersweekly 在 2019 年 2 月 27 發表一篇文章，標題是「黑巧克力提升記憶力」[3]，而它是在報導兩個用巧克力做出來的臨床試驗。

這兩個臨床試驗的標題分別是「黑巧克力（70％可可）影響人類基因表達：可可調節細胞免疫反應，神經信號和感官知覺」[4]、「黑巧克力（70％有機可可）增加急性和慢性腦電功率譜密度（μv2）伽瑪頻率（25-40Hz）對腦健康的反應：增強神經可塑性、神經同步、認知處理、學習、記憶、回憶和正念冥想」[5]。

這兩個臨床試驗都是由羅馬琳達大學（Loma Linda University）的一個研究團隊所主導，他們所用的巧克力是由一家加州公司所生產。但是，儘管數據相當正面，接受測試的對象卻只有五人。而可能就是因為人數實在太少，這兩個臨床試驗目前還僅僅是發表在一個 2018 年 4 月舉行的學術會議。至於它們是否最終會被正式發表在醫學期刊裡，就不得而知了。

總之，就目前的科學證據而言，巧克力似乎是對大腦有益，但巧克力能不能防阿茲海默症，我只能說，可能很有限。

巧克力與可可的不同

可可文章發表後，有讀者回應：「該選擇黑巧克力，而非一般加糖加牛奶的巧克力」。但事實上，不同品牌的黑巧克力，含有不同程度的糖和飽和脂肪。我在那篇文章裡所提到的科學研究，都不是用黑巧克力。日本的團隊用的是 Cacao，美國團隊用的是 Cocoa。我查了中文翻譯，兩個都是翻成「可可」。但事實上，Cacao 是生的，而 Cocoa 是熟的。

在把生可可烘成熟可可的過程中，有些養分會流失或被破壞。所以，按常理推想，生可可是比熟可可健康，但我並沒有找到相關的科學證據。事實上，在科學文獻裡，Cacao 和 Cocoa 是被互用的，也就是說是被當成一樣的。

前面提到，美國團隊用的是 Cocoa。但是，最精確的說法是，他們給調查對象吃的是九百毫克的「可可黃烷醇」（Cocoa flavanols）和 138 毫克的「表兒茶精」（Epicatechin），而它們都是可可的營養成分。所以，我的建議是：只要沒加糖和飽和脂肪的，不論生熟，都對健康有益。

另外一位讀者回應：「是不是生產可可的國家，或者以可可為生活飲食，得到阿茲海默症的人較少？」我的答案是：沒有有關阿茲海默症的研究。但是，有一篇發表於 2007 年的研究，其調查的對象是巴拿馬的兩個族群，一個是住在 Kuna 島上，有可可飲食習慣，另一個是住在內陸，沒有可可飲食習慣。結果顯示，可可的飲食習慣對降低缺氧性心臟病、中風、糖尿病及癌有幫助。所以，以此類推，Kuna 島的居民應該也會有較少的阿茲海默症病人。

林教授的科學養生筆記

- 就目前的科學證據而言，巧克力似乎是對大腦有益，但巧克力能不能防阿茲海默症，我只能說，可能很有限

山藥滋陰的真相

#地瓜、蕃薯、薯蕷皂素、類固醇賀爾蒙

在上一本書中，收錄了〈地瓜抗癌，純屬虛構〉，那是我追查許多吹捧地瓜抗癌文章的集結，結論是，「地瓜抗癌」是網路上編織出來的故事，不過，地瓜雖無抗癌效果，但確實是營養豐富的食物。但很多讀者可能不知道，地瓜一開始是被跟山藥搞混。網路上有關山藥的資訊也多所誤導，所以，我就在此篇提供一些科學資料。

「山藥」的英文是Yam。但是，美國人大多沒見過山藥，卻把紅肉的番薯誤稱為Yam，有興趣的讀者可參考附錄這篇文章[1]。在亞洲，山藥是食材也是藥材；在西醫，山藥（嚴格地說，應該是「野生山藥」Wild Yam）扮演一個更重要的角色。

野生山藥共有六百多種，但只有十二種是可食用的。不過，有幾種非食用的野生山藥還是被大量地種植，因為其含有大量的「薯蕷皂素」（Diosgenin）。藥廠從野生山藥萃取出「薯蕷皂素」之後，通過一些不同的化學反應，把「薯蕷皂素」轉化成包括「脫氫表雄酮」在內的許多不同的類固醇荷爾蒙。也就是說，醫院給你的類固醇針劑或口服藥，很多是源自「野生山藥」[2]。而「地瓜抗癌」論調裡的「地瓜含有脫氫表雄酮」是源自把山藥誤會成地瓜，並把「薯蕷皂素」誤會成「脫氫表雄酮」。

我曾在維他命 D 的文章中說過，所有的類固醇都是雙刃刀，用對了，可以解決問題；用錯了，會製造問題。以下有關「脫氫表雄酮」的不良副作用，翻譯自權威的梅友診所（Mayo Clinic）[3]：

女性的症狀，包括：油性皮膚、體毛增生、聲音低沉、月經不調、乳房縮小、生殖器增大。男性的症狀，包括：乳房脹痛、尿急、攻擊性、睾丸縮小。男女共有的症狀，包括：痤瘡、睡眠問題、頭痛、噁心、皮膚瘙癢、情緒變化。「脫氫表雄酮」也可能影響其他荷爾蒙、胰島素和膽固醇的量。「脫氫表雄酮」可能增加前列腺癌、乳腺癌和卵巢癌的風險。

可是，當人們吃了山藥，是不是也能把其中的「薯蕷皂素」轉化成類固醇荷爾蒙？答案是：不能。把薯蕷皂素轉化成類固醇荷爾蒙，是一種化學反應，而非生化反應。

山藥最為人知的功效，應該是「滋陰」。而很有趣的是，這種民俗傳統竟然共同發生在相距一萬五千公里的太平洋兩岸（中國與南美)。可是，既然我們的身體不能將「薯蕷皂素」轉化成女性荷爾蒙，那山藥又如何能「滋陰」？

有研究認為，「薯蕷皂素」本身有類似女性荷爾蒙的作用[4]，也有研究認為，吃山藥能增加體內女性荷爾蒙的量[5]。但，這些證據在目前都只能定位在「薄弱」。

可以肯定的是，**山藥確實有類似女性荷爾蒙的作用。所以，醫學界建議，婦女如患有乳腺癌、子宮癌、卵巢癌、子宮內膜異位或子宮肌瘤：就不要食用野生山藥**[6]。

網路上也可看到許多婦女因過量食用山藥而得病的消息。只不過，這些訊息幾乎毫無例外，錯誤地說，山藥含有女性荷爾蒙（雌激素）或會刺激增加女性荷爾蒙。請讓我再度強調，山藥並不含女性荷爾蒙，它是否會刺激增加女性荷爾蒙，也還無定論。但是，山藥確實有類似女性荷爾蒙（滋陰）的作用。

山藥滋陰的讀者回應

2017 年 10 月，讀者 Iris 在山藥文章的回應欄裡寫：請問本篇所指的「滋陰」，是否是中國傳統醫學（TCM）所定義的滋陰呢？南美洲的人又是如何使用山藥呢？謝謝您的分享，您的文章令人受益良多。

首先，我非常感謝讀者給予本網站的肯定。對於第一個問題，我的回答如下：在前文裡，我所謂的「滋陰」，指的是「有益於女性生理功能」的意思。之所以會選用「山藥滋陰」，主要是看到網路上有很多文章在報導或討論此一議題，而裡面的資訊大多是錯誤或有所偏頗。所以，為了要對症下藥，我就來個順水推舟。那第二個問題，南美洲的人又是如何使用山藥呢？下面是我的回答。

有關南美洲人如何使用山藥來滋陰，文獻的記載並不多。比較確切的例子有兩個。在一個叫做「全天然」（All-Natural）的網站，可以看到這麼一段話[7]：

「有趣的是，在亞洲和南美洲的國家，婦女們食用野山藥或大豆，而潮紅這個詞根本就不存在於他們的語言中。他們也很少遭受目前困擾西方婦女的一大堆婦科問題。」

在一個叫做「新子中心」（New Kids Center）的網站，也可以看到這麼一句話[8]：「南美洲的婦女吃野山藥作為飲食的一部分。被發現的是，許多這些人在之後的生命裡沒有更年期症狀。」

除此之外，其實在北美洲的原住民也有婦科應用山藥的例子：在美國，阿帕拉契的印第安婦女食用山藥來解除生產時的疼痛；在墨西哥，印第安婦女也食用山藥來節育及防止流產。但是，不同於在台灣或是在中國大陸，這種食用山藥的習俗並沒有繼續流傳在當代的美國。我在美國已經住了三十八年，但是，從沒在華人超市以外的任何地方（譬如美國超市、農夫市集、大賣場）看過山藥。

事實上，絕大多數的美國人根本就不知道山藥是什麼，甚至於連聽都沒聽說過。山藥的英文是 Yam，可是對美國人而言，Yam 是紅肉的地瓜，是萬聖節及復活節的應景食物（橘紅色是這個季節的代表色）。而也就是因為山藥與地瓜的混淆，才會產生出一大堆地瓜抗癌的網路謠言。

最後，附上 Iris 的回覆：謝謝您的解答！非常清楚簡要，已解決了我閱讀山藥滋陰此篇的疑惑。我是執業五年的年輕中醫師，因為搜尋資料求證患者詢問我的流傳偏方時發現了您的專頁，真幸運。泛濫的網路保健資訊也是很困擾我的問題，除了患者，我自己的父親也常常深信這些資訊。謝謝您，做了這麼重要的事。

林教授的科學養生筆記

- 山藥並不含女性荷爾蒙，但確實有類似女性荷爾蒙的作用。所以，醫學界建議，婦女如患有乳腺癌、子宮癌、卵巢癌、子宮內膜異位或子宮肌瘤，就不要食用野生山藥
- 對美國人而言，Yam 是紅肉的地瓜，是萬聖節及復活節的應景食物。而也就是因為山藥與地瓜的混淆，才會產生出一大堆地瓜抗癌的網路謠言

毒物與劑量的重要性

#泡麵、重金屬、蝶豆花、水中毒

有一種類型的食安謠言，其破解重點與「劑量」有關，例如泡麵的重金屬和蝶豆花飲料有毒就是其中的典型。我曾多次說過，在高劑量之下，連我們每天喝的水都可能有毒，而且某些微量對身體有益的元素，在高劑量之下反而會變成毒（例如木瓜籽中的「異硫氰酸苯酯」，微量可以殺菌，但大量就會有毒）。本文中提到的泡麵和蝶豆花中所含的重金屬或有害物質，一般人一天攝取的量是不可能對身體造成傷害的，以下就是此種類型謠言的整理。

泡麵含的重金屬，無攝食風險之虞

2018 年 3 月，我收到兩則簡訊，內容都是：「用力傳出去，愛護身體。今周刊送驗證結果，官員真是混帳，難怪洗腎一堆。常常在外要注意身體。失職公務員，黑心商人揪出來。泡麵含有重金屬，少吃為妙」。連結是 2013 年 11 月東森新聞的影片，標題是「專家倒吸一口氣，我的天呀。周刊爆泡麵含砷、鉛、汞、銅？」[1]

我覺得很納悶，傳短訊的人難道就沒發現這是 2013 年的老新聞啊。更何況，在同一天，台灣的衛福部食品藥物管理署（FDA）已經發表一篇「泡麵油包及調味醬料產品之重金屬含量無攝食風險之虞」。

那為什麼沒有人傳這篇闢謠的資訊呢？答案很簡單，而且我也講過好幾次，我說：「畢竟，危言聳聽的謠言，總比正經八百的說教，來得刺激過癮。」這句話將永遠會是正確的。所以，我也不期望這篇文章會有多少人看，只是繼續做我認為對讀者有幫助的事。

好吧，回頭來看看這個泡麵「舊聞」吧。這個電視節目裡，除了有一個語不驚人誓不休的主持人（理所當然），一個唱作俱佳又很會虎爛的名嘴（也是理所當然），還有一個極力配合演出卻又顯得尷尬的毒物專家（這個嘛⋯⋯）。

不管如何，他們的結論就是逃不過「吃多了會⋯⋯」我的天呀，難道他們不知道，水喝多了也會中毒啊！那到底要吃多少，才真的會⋯⋯那樣呢？根據台灣 FDA，食品中所含之重金屬，多是來自環境，為無法避免之汙染物。

一個六十公斤的成人每日須攝食九十六包泡麵、七十大匙調味醬，才會超過國際間對鉛之安全耐受量。一個六十公斤的成人每日須攝食九百一十七包泡麵、六百三十九大匙調味醬，才會超過銅之攝取容許量。總砷之檢驗結果無法代表實際對人體有害之無機砷含量，惟案內產品之總砷含量經與國際間對食品中總砷之相關研究結果比較，亦無明顯偏高之虞。當然，一定會有人說，這是政府罔顧國人健康，與黑心食品產業勾結……。

果真如此，又怎麼辦呢？既然如此不信任這個，不信任那個，那為什麼不自給自足，自力耕生呢？為什麼偏偏選擇活在恐懼中呢？

蝶豆花飲料有毒的謠言

讀者 Sandia 在 2019 年 5 月用臉書寄來一篇《健康雲》的文章，標題是「蝶豆花有毒不能吃？毒物專家說話了。美國列毒物，台官方效用曝光」。她說自己常喝蝶豆花飲料，所以想知道是否有毒。

文章說，美國 FDA 有將蝶豆花列在毒植物資料庫。沒錯，FDA 確實是有把蝶豆花（Clitoria ternatea flower）列在毒植物資料庫裡，可是 FDA 也有發表論文說人參有毒啊。不信，請看附錄這篇文章，標題是「人參的毒性，一種草藥和膳食補充劑」[2]。

我後面會解釋連水喝多了也會中毒，目的是闡述「劑量」的重要性。關鍵在於，一般市面上或家裡配製的蝶豆花飲料，其劑量是否高到足以讓人中毒。根據我搜索到的資料，例如附錄的食譜[3]，一杯一千毫升的蝶豆花飲料大約是用了六朵花。我有請 Sandia 秤重，一百朵蝶豆花的重量大約是十公克。所以，一杯一千毫升的蝶豆花飲料大約是用了零點六公克的蝶豆花。

好，那我們來看科學研究是用什麼劑量的蝶豆花來做實驗。先看 2014 年發表的論文[4]，這項研究是用一個睪丸受傷的老鼠模型來測試蝶豆花萃取物是否具有保護作用。蝶豆花萃取物是用三公斤的蝶豆花製成，共萃取到三點九七公克。給老鼠的最高劑量是每天一次二十毫克，共二十八天。這個劑量換算起來，等於每隻老鼠每天喝二十五杯一千毫升的蝶豆花飲料，連續喝二十八天。結果，老鼠活得好好的，而且睪丸還比較不會受傷。

再來看 2018 年發表的論文[5]，這項研究是要測試蝶豆花萃取物是否能控制人喝了糖水後的血糖上升，而它所用的劑量是相當於一個人喝了二千五百杯一千毫升的蝶豆花飲料。結果接受測試的十五個人都活得好好的，而且顯現出蝶豆花萃取物可以控制血糖上升。

那您說，蝶豆花飲料有毒嗎？讀者幾天後又寄來另一篇《健康雲》的文章，說什麼蝶豆花屬性偏寒涼，體質較弱者不適合多食。對於什麼性寒性熱，這是屬於中醫的範疇，我就不予置評。您願意相信就相信，不願意相信就不要相信，因為這跟科學無關。

水喝多了也會中毒

我前文裡提到「水喝多了也會中毒」，因此有位讀者回應：麻煩解說「水喝多了，也會中毒」，因為我常覺得口渴，每天都喝很多水，尤其是在運動中和後都是大口的喝水。

我之所以會說水喝多了也會中毒，是要強調，當你聽到電視名嘴說泡麵含有重金屬，吃多了恐傷身，你就需要問他，到底要吃多少才算吃多了。因為，縱然是我們賴以為生，非喝不可的水，喝多了也會中毒甚至喪命。

這並非危言聳聽。我用「水中毒」（water intoxication）作為關鍵詞搜索 PubMed 公共醫學圖書館，共搜出 1,475 篇論文。也就是說，喝水中毒，是一個千真萬確，而案例還不算少的醫學現象。更令人難以置信的是，縱然喝得不算多，也會致命，例如這篇 2018 年 5 月發表的論文，標題是「一位年長婦人急性水中毒，儘管所喝的水量相對地小」[6]。

還有，2018 年 5 月的新聞報導「熱死了！一天二十七人就醫，一環島客衰竭不治」[7]，依我的判斷，此一人士的死因，極有可能是喝水中毒。這是因為最常見的喝水中毒案例，就是發生在長距離運動之後。長距離運動會造成嚴重脫水，而這時候如果喝下大量的水，就會造成低鈉血症（血液的鈉離子濃度過低）。而當過兵的人大概都記得，行軍時所喝的水是加了鹽的。

低鈉血症如果沒有及時治療，血液中水就會開始滲入細胞，使其腫脹。由於腦組織是被局限在腦殼裡，而其唯一的出路是與脊椎相接的孔道，所以，當腦細胞腫脹得很厲害時，腦組織就會被擠進這個孔道，造成致命的腦幹疝（brain stem herniation）。

喝水中毒也較常發生在小孩子身上，尤其是在酷熱的夏天裡。醫務單位及媒體往往會建議人們在酷熱的夏天裡要多喝水，所以，有些父母就一直拿水給小孩子喝。但是，由於小孩子，尤其是嬰兒的體型較小，又不懂得拒絕，往往會因此而喝下過量的水。請看2007年發表的論文，標題是「水中毒和熱浪」[8]。

另一個會造成喝水中毒的情況是，失去理智的狂喝，例如精神病患會喝下過量的水，精神正常的人在狂歡的情況下也可能會喝下過量的水。在2005年，加州就曾發生過一則非常轟動的新聞，內容是加州州立大學奇科分校（California State University, Chico）的一位新生在參加兄弟會入會派對時，被迫喝下大量的水而致命。2007年加州的另一則新聞，內容是一位二十八歲的女士參加喝水比賽，在三小時裡喝下六加侖（約二十二公升）的水，回家後死於喝水中毒。

當然，這類喝水中毒的案例畢竟是罕見，所以讀者應當不需要擔心。我之所以會在泡麵文章裡說「水喝多了也會中毒」，唯一的目的就是要指出，當一個人說「某某東西吃多了恐傷身」時，就必須明明白白地提出數據。否則，就可能會有譁眾取寵的嫌疑。那個泡麵重金屬的新聞，的的確確就是譁眾取寵。

林教授的科學養生筆記

- 台灣的食品藥物管理署（FDA）已經發表「泡麵油包及調味醬料產品之重金屬含量無攝食風險之虞」。根據台灣 FDA，食品中所含之重金屬，多是來自環境，為無法避免之汙染物
- 一般蝶豆花飲料含有的萃取物非常低，就算每天喝也十分安全
- 最常見的喝水中毒案例，就是發生在長距離運動之後。長距離運動會造成嚴重脫水，而這時候如果喝下大量的水，就會造成低鈉血症

一片起司，磷就破表？

#鈣、加工食品、乳製品、磷酸鹽

我的姊姊在2018年8月傳來一則短訊：不想洗腎，就控制慾望，不要再吃起司了！影片報導詳細看，太可怕了。然而，我們吃的起司，大部分都是再生的。2018年3月民視異言堂「起司『鈣』健康？」影片下面有這麼一段開場白：

說到起司的營養，多數人會想到的就是豐富的鈣，所以很多家長會讓孩子多吃起司來補充鈣質，但我們要提醒您，這樣的觀念，恐怕需要修正了。因為很多人不知道，食藥署的再製乳酪管制政策裡，國內自製和國外進口兩類，竟然分別有兩套標準，這使得其中疑慮重重，在國人也很難釐清楚的狀況下，一旦我們食用起司的方法不正確，恐怕只會讓身體流失骨本和健康，得到反效果。帶您了解，究竟是怎麼回事。

數據和測量方式荒唐的實驗

這個「民視異言堂」的影片[1]是十五分鐘長，而其中的第十一分鐘到第十二分鐘，可以說是這個健康資訊的「致命一分鐘」。這一分鐘是這樣過的：一位研究員拿兩片所謂的「再生起司」做實驗。她從每片二十克的起司，各剪下約一克來測其磷酸鹽含量。

儘管影片說磷酸鹽是以「專業儀器」來進行檢測，但事實上是用非常不專業的「試紙」來進行檢測。檢測的結果是由長庚毒物科實驗室的林中英博士來做說明。她說，一克起司就已經含有超過五百毫克的磷酸鹽，所以光是一片起司就已經含有超過一千毫克的磷酸鹽。

咦？這就奇怪了。一片起司是二十克，那二十乘以五百，不是一萬嗎？怎麼會是一千呢？不管是一萬，還是一千，影片裡有引用世界衛生組織的建議，說成人每天磷的最佳攝取量是八百到一千毫克。所以，就根據林中英博士所說的「超過一千毫克」，影片接下來說：「只要一片再製起司，每人每天的磷攝取量竟就破表」。但請讀者想一想「一克起司含有超過五百毫克的磷酸鹽」，不就表示「一半以上的起司是磷酸鹽」，這樣的東西能吃嗎？這麼荒唐的數據到底是怎麼來的。

讀者如果去看那個影片，請鎖定在第十一分四十五秒，您會看到那個「試紙」的判讀表。在表的正中央有個 mg/l 單位，那是「每公升多少毫克」的意思。而在表的右上角，暗藍色方塊的下面有寫著五百，那就表示「每公升五百毫克」。所以，有可能是因為 mg/l 被看成 mg/g，才會出現「一克起司含有超過五百毫克的磷酸鹽」如此荒唐的數據。（還有，請注意，五百毫克的磷酸鹽，其實只有一百六十三毫克的磷）

不管是否真是如此，根據「乳製品協會」（The Dairy Council）所發表的「乳製品營養組成」[2]，一片二十克的「再生起司」含有三十六毫克的磷。而再根據美國國家醫學圖書館，磷的安全劑量是每人每天四千毫克。也就是說，要吃超過一百一十片「再生起司」才會出現所謂的「破表」。

當然，「乳製品協會」所發表的文獻，不見得就是公認的準則。但是，再怎麼樣，它也會比「一克起司含有超過五百毫克的磷酸鹽」來得合理。再說，儘管我竭盡所能搜索，還是找不到任何網路文章或科學報導說，吃「再生起司」會有磷攝取過量的問題。如果硬要說有，那也就只是一些勸腎臟病患要避免吃「再生起司」的建議。

總之，雖然我也會勸讀者（不管有無腎臟病）要盡量避免吃像「再生起司」這樣的加工食品，但是，我不得不說，「民視異言堂」這片臭起司，差點把我氣死。

林教授的科學養生筆記

- 沒有任何科學報導說，吃「再生起司」會有磷攝取過量的問題
- 雖然沒有磷超標的問題，但再生起司是不健康的加工食品，並不建議多吃

Part 5

新科技與新問題

科技帶來進步，日常生活也越來越方便，但新的疑惑和新型汙染也隨之而來。許多騙局也紛紛用新科技來包裝自己，我們該相信什麼，又該避免什麼？

氫水、低氘水、氧化還原水的偽科學

#水素水、真氫水、低氘水、氧化還原信號分子、直銷鹽水

或許是大眾真的很關心每天要喝的水，所以市場上才會出現一堆不良廠商跳進來搶錢，「發明」了各種所謂高科技水的商機。此篇是目前市場上幾種號稱可以促進健康的水和其中的偽科學破解，分別是氫水、低氘水、氧化還原水。

喝添加氫氣的水，對健康並無幫助

2019 年 2 月 27 號，一位馬偕醫院腎臟專科醫師用臉書問我有關於氫水的意見。他說有廠商和醫師貼文，宣稱療效，但是他沒有看到 FDA 核准。一位宜蘭簡先生的電郵也說：「最近台灣出現氫水的新聞，一些業者引用了一大堆的論文來回覆其他人的問題。稍微看一下好像真有其事，希望教授能幫忙解惑。」長期讀者 Andy 同時寄來 2019 年 2 月 28 日《蘋果日報》的報導，標題是「標榜花一點二萬可喝真氫水挨批騙民眾，太和工房發聲明將提告」[1]。

我上網搜尋相關資料，赫然發現，原來台灣正掉入一缸子氫水（又稱水素水、富氫水）的紛爭裡。請注意讀者說的「對方引用了一大堆的論文」，「一大堆的論文」是真的，只不過，這一大堆的論文是否就能證明氫水具有治百病的神效，就完全是兩碼子事了。

這「一大堆的論文」的鼻祖是一篇 2007 年的論文，標題是「氫通過選擇性地減少細胞毒性氧自由基而充當治療性抗氧化劑」[2]。這項研究是用兩個實驗模型來表達氫可能具有療效。第一個模型是用添加了氫氣的培養液來培養細胞，第二個模型是讓老鼠經由呼吸道吸入氫氣，也就是說，**這項研究根本就沒有用到「喝進肚子的氫水」。所以，廠商或什麼自然療師引用這篇論文來證明喝氫水有益健康（或具有療效），根本就是偽科學。**另外請注意：「氫水」就只不過是添加了氫氣的水，而不是什麼去掉 O 的 H2O，更不是什麼電解產生的水。還有，添加進去的氫氣最終是會完全自動消失。

這項研究是由太田成男教授主導的，而這位教授也一直在各大媒體大肆吹噓氫氣或氫水的療效或保健功效。有鑑於此，日本國立健康營養研究所理事長，東京大學榮譽教授唐木英明在 2016 年 5 月 24 日發表了一篇文章，標題是「日本醫科大學的太田成男教授的主張有明顯錯誤」[3]。唐木英明教授提出下列的質疑以及意見：

喝進肚子裡的氫水，其中的氫氣是如何進入人體血液，又如何達到目標細胞？氫水做為「健康成人的健康食品」並標榜療效，但請問是否有進行「健康成人的臨床試驗」？有部分對氫不瞭解的外行人（氫水廠商）販賣並推廣氫水，宣稱喝了氫水會有療效的錯誤觀念。這種違法的商業行為，可能導致病患錯失接受正確治療的機會，這是危險行為。期望太田先生將心力投注於剷除這種無效有害的「氫水」產業。

同年的 12 月 19 日，大紀元也發表了一篇文章，標題是「水素水只是普通水？日本調查引關注」[4]。它說，日本國民生活中心在 12 月 5 日對十家氫水廠商及九家氫水生成器廠商實施問卷調查，結果部分廠商只承認氫水的功效是「補充水分」。它也說，法政大學教授左卷健男就批判：「跟氫水比起來，放屁放出的氫氣倒是更多些。人體本身就能生成大量氫氣，根本用不著特地喝氫水來補充，且僅含微量氫元素的氫水，能被人體吸收多少，也同樣成疑。」[5]

總之，有關氫水之應用於醫療或保健，目前的科學研究還只是在地上爬，但是，不肖廠商的行銷手法卻已經是登陸月球了。

低氘水治病，未經科學證實

在發表完氫水的澄清文章後，讀者 Troy Chen 在 2019 年 3 月來信：謝謝您發表氫水的文章。可否請您解說「低氘水」所號稱的功效，是否也屬於誇大或不實的廣告？

低氘水（Deuterium Depleted Water，DDW），它的確是與氫水有一些共同點，但差別還是蠻大的。首先，氘（發音跟「刀」一樣）是氫的同位素。它原本是叫做「重氫」，而之所以如此，是因為它比氫重。氫只含有一個質子（proton），而氘則含有一個質子和一個中子（neutron），所以比較重。

「氫」的英文是 Hydrogen，代號是 H。「氘」的英文是 Deuterium，代號是 D。在自然界（主要指的是「海洋」），氫與氘的比例大約是 6420：1。也就是說，「氘」的濃度大約只是「氫」的 0.0156%。

所謂的低氘水，是通過一些蒸餾或電解等方法，將水中的氘降低到 0.015%以下。如果用 PPM 來表示，未經處理的水大約是含 140 到 150 ppm 的氘，低氘水則含有 25 到 105 ppm 的氘。

第一篇表明「低氘水」可能與細胞生長有關的論文是發表於 1993 年，標題是「天然存在的氘是對細胞正常生長速率重要的」[6]。

這篇論文的第一作者是名叫 Gábor Somlyai 的匈牙利人，而他就是「低氘水」治百病的首席推手。但一個龐大的問號是，這二十六年來他總共就只發表了六篇有關「低氘水」的論文（收錄在 PubMed

醫學圖書館）。

這六篇論文裡，只有一篇是臨床試驗，而它又很奇怪地只是發表在一份影響因子只有二點多的期刊《營養與癌症》（Nutrition and Cancer）。這篇論文是在 2013 年發表，標題是「低氘水對肺癌患者存活率及小鼠 Kras、Bcl2 和 Myc 基因表達的影響」[7]。這個標題看起來像是在治療肺癌，但其實差很大。首先，這項研究是在 1993 到 2010 期間在匈牙利進行，而對象是一百二十九位正在接受化療或放射線治療的肺癌病患。也就是說，治療的方法是用化療或放射線，而不是「低氘水」。

再來，研究人員提供「低氘水」給這一百二十九位病患，然後記錄他們活了多久，就是如此而已。也就是說，整個臨床研究既不是用「低氘水」來治療病患，也沒有做任何對照組比較（例如，「有喝低氘水的病患」是否比「沒喝低氘水的病患」活得較久）。這麼一個做了等於沒做的研究，會被期刊接受，還真害我這個老評審委員跌破了好幾副眼鏡。

大概是自知研究方法可笑吧，只好加入一些與臨床試驗不相干的老鼠數據來打腫臉充胖子，真是難為他們了。至於其他「低氘水」的研究論文，我也就只好自己搖頭嘆氣，不再浪費您的時間了。總之，讀者所問的「是否也屬於誇大或不實的廣告」，答案是很大聲的「是」。

氧化還原信號分子，直銷鹽水

讀者楊先生在 2019 年 4 月詢問：最近鄰居一直推銷 ASEA 氧化還原信號分子水，說它有三十七項美國專利，喝了能使人體免疫系統正常運作，受損的細胞自癒並恢復活力，能有效治療癌症、糖尿病、高血壓、中風等頑固的慢性病，牛皮癬、白癜風等皮膚病，甚至是自閉症，真是治病的萬靈丹。我不太相信一個分子水有如此神奇的療效，正在苦惱如何回覆他的好意時，恰巧聽到 NEWS98 廣播中，張大春先生訪問您有關養生偽科學的問題，可否請您以專業觀點提供一些意見？

ASEA 是一家總部設於美國猶他州的公司，以多層次傳銷（在台灣叫做直銷）來賣「氧化還原信號分子水」（Redox Cell Signaling Water）。Redox 是「還原」（Reduction）和「氧化」（Oxidation）兩個字的合寫，而很多生理作用是跟「還原－氧化」有關，所以 Redox 當然是很重要。但是，能將 Redox 發展成所謂的健康飲料，還真是商業天才才做得到。

這家公司的確是有一些專利，至於是不是有三十七項，則不得而知。不管如何，行內人都知道，專利只是保護創新，跟有效無效毫不相干。所以，ASEA 抬出三十七項美國專利，純粹只是在唬弄不明就裡的民眾。此一產品的塑膠瓶正面有註明「飲料」(Beverage),背後則有一個很大的「營養資訊」圖表。這個圖表看起來實在很好笑,因為它列舉了好幾種營養素(包括蛋白質、脂肪、碳水化合物),但這些營養素的含量,幾乎全部都是零,唯一不是零的是鈉。

同樣讓人啼笑皆非的是圖表旁邊有註明成分為「鹽」和「蒸餾水」。而更讓人摸不著頭腦的是,它還特別註明「無麩質」(Gluten Free)及「非基因改造」(Non GMO)。想想看,既然成分只是鹽和蒸餾水,為什麼還需要說是無麩質及非基因改造?關於這一點,我已經發表過很多文章,說明無麩質(本書第 148 頁)及非基因改造(收錄於上一本書)都是有心人士要弄民眾的行銷手法,所以這裡就不再重複。

不管如何,此款飲料真的有如楊先生鄰居所說的能治百病嗎?我到公共醫學圖書館 PubMed 搜尋,找不到任何與 ASEA+Redox 相關的論文。我到「臨床試驗網站」(clinicaltrials.gov)則有找到一個相關的臨床試驗,標題是「ASEA 對人體能量消耗和脂肪氧化的影響」[8]。該臨床試驗是由北卡羅來納大學的一個團隊執行,而它已在 2013 年 6 月 24 號完成,但不可思議的是,沒有任何結果!一個六年前完成的臨床試驗,到現在還沒有任何結果!

不管如何,ASEA 公司有提供一個有關此產品的科學網頁,標題是「氧化還原信號背後的科學」[9]。但是,這個網頁除了自吹自擂外,沒有提供任何已經發表在醫學期刊的論文。更重要的是，在它的最下面有三行故意用小字體寫的聲明：「這些聲明未經美國食品藥品管理局評估。本產品無意被用來做診斷、治療、治癒或預防任何疾病」。

那，既然無意被用來做治療、治癒或預防任何疾病，怎麼還偏偏要透過各種管道，鋪天蓋地宣稱它能治百病呢？有一個叫做「科學基礎藥物」（Science-Based Medicine）的網站在 2012 到 2017 年間，發表了六篇文章來揭發此一產品的行銷騙術。有興趣深入了解的讀者，請自行參考附錄的連結[10]。

林教授的科學養生筆記

- 「氫水」只是添加了氫氣的水，不是什麼去掉 O 的 H2O，更非電解產生的水，而且添加進去的氫氣最終會完全消失
- 人體本身就能生成大量氫氣，無須特地喝氫水補充，且僅含微量氫元素的氫水，能被人體吸收多少，也同樣成疑
- 「低氘水」的臨床研究既不是用低氘水來治療病患，也沒有做任何對照組比較，所以其效用未經證實
- 沒有任何發表在醫學期刊上的證據，可以證明 ASEA 氧化還原信號分子水可以治療、治癒或預防任何疾病

大小分子水的垃圾科學

#結構改造水、水團、喝水

2017 年 10 月，署名 Y-C 的讀者詢問：在這個電視節目中，一位醫生說了一些與我們知識不同的「喝水和腦中風」的關係。想請問教授是否為真？

喝水學問怎麼大？

這個電視節目的標題是：「美鳳有約，喝水學問大，水該怎麼喝？」[1]。讀者 Y-C 所說的黃康寧醫生，是否真是醫生，是個大問號。我所查到他的學歷是：「德國抗老化醫學、美國預防醫學、日本慣性醫學、長壽醫學、免疫醫學」。但請問，怎麼連哪間學校都沒有呢，拿到的又是什麼學位呢？至於他的經歷，也是一些莫名其妙的機構或職位。更不可思議的是，他竟然說「大分子水」，我想小學生都應該知道，水分子就是 H2O，哪有什麼大小之分。

不管如何，這個節目裡所講的「喝水大學問」，有任何科學根據嗎？我在「晨起喝水攸關性命？」一文（211 頁）裡說，網路上警告大家要多喝水，什麼時候喝，喝多少，什麼溫度，要不要加檸檬和鹽等等的傳言，不管是中文還是英文的，多不勝數。但是，這些也就只是網路謠言，沒有任何科學根據。有關喝水的謠言，我已經寫了好幾篇闢謠的文章，所以就不再重複。

我給讀者的建議是，如果你已經有某種喝水的習慣，那也就不用改。但如果你沒有什麼特殊的喝水習慣，那就不要相信網路或電視上那些什麼喝水學問大的偽科學。

喝水唯一的學問就是，覺得渴就喝，不覺得渴就不要勉強喝。沒有任何科學證據說，不這樣喝或那樣喝，就會什麼中風、心肌梗塞、高血壓……您大可放一百個心。

補充說明：有關什麼大分子水和小分子水的謠言，以及其他一大堆水分子的謠言，有興趣的讀者請看一篇由加拿大西門菲莎大學（Simon Fraser University，SFU）化學系的名譽教授史蒂芬・羅爾（Stephen Lower）所寫的文章，標題是「水團騙術：結構改造水的垃圾科學」[2]。他在這篇很長的文章下面，這樣解釋為什麼他要寫這篇文章：「為什麼我要浪費時間在這東西上面？化學是我最喜歡的科目，而我討厭看到它被濫用來誤導或欺騙公眾。」

大分子團水的後續回應

2018 年 2 月，署名「喝水學問大」的讀者回應前文，他用這個署名，我當然了解他的用意。但沒關係，只要是理性的對話我都歡迎。他的回應全文是：「傳遞健康資訊是我們的責任，正確資訊應是小分子團水和大分子團水，節目上一時口誤，漏講一個『團』字，特別提出更正，不希望有心人士背後操作話題，醫學專家康寧指正。」

我先解釋一下為什麼他會做這個回應。這位自稱醫學博士的黃康寧先生在電視節目裡說「大分子水排不出去」，所以，我就在前文裡說「小學生都應該知道，水分子就是 H2O，哪有什麼大小之分」。

就因為這樣，他才會回應說「大分子水」是口誤，正確的說法是「大分子團水」。但是，其實，我在看那個影片時，就已經知道他要說的是大分子團水。原因是，這個被有心人士編造出來的詞，不管是中文或英文，都是在網路上大量流傳。

只不過，大分子團水到底是啥東西？地球上真的有這東西嗎？我在前文結尾的補充說明有放一篇文章連結。很顯然，他並沒有去看那篇文章。否則，他應當就不會再提「大分子團水」了。

既然他沒有看那篇史蒂芬．羅爾教授的文章「水團騙術：結構改造水的垃圾科學」，我就在此把文章第一段和第三段的上半段翻譯如下：

市場上有超過二十種商業產品聲稱可以改變水的結構，從而幫助維持或恢復健康、青春和活力。在我這個年齡，我不介意補充一些這類產品，但做為一位退休的化學教授和自來水的慣用者，我很難過看到瘋子化學、偽科學思想和徹底的謊言，被用來推銷這些產品給缺乏科學訓練的消費者。

化學家很早就認識到，儘管水分子既小又簡單，但卻具有不尋常的性質。這種特殊性質被認為是源自於它容易形成短暫且不斷變化的聚合物（有時被稱為「水團」）。但是，所謂的「水團」，其實只是一種概念，因為它們的存在只是瞬息（大約為十億分之一秒）。

從以上這兩段話，我們就可得知：一、所謂的「水團」，頂多只是一種概念，二、這種概念卻被「有心人士」用來欺騙大眾。任何一個稍有生理學知識的人都應當知道，水就是水。水被喝進肚子後，在小腸吸收，然後進入血液循環系統。再怎麼樣，它就是一個單純的 H2O 分子。縱然你把一大「團」冰塊吞進肚子裡，它也會化成液態水，也一樣是以單純的 H2O 分子，進入血液循環系統。那，您說一位「醫學博士、醫學專家」會不懂這個道理？「喝水學問大」先生，請您捫心自問，您真的是在傳遞正確的健康資訊嗎？

林教授的科學養生筆記

- 所謂的「水團」，頂多只是一種概念，但這種概念卻被「有心人士」用來欺騙大眾。水就是水，被喝進肚子後，在小腸吸收，然後進入血液循環系統。再怎麼樣，它就是一個單純的 H_2O 分子

新型汙染，塑膠微粒 Q&A

環保、食鹽、自來水、空氣、海洋、廢水

2018 年 10 月，讀者 Andy 詢問：「請問教授，塑膠微粒對我們的危害大嗎？煮沸的自來水足夠安全嗎？」。

塑膠微粒（microplastic）這個議題現在很夯，2018 年，我收到六月份的《國家地理》雜誌時，看到封面上一張非常有創意的圖片。那是一個漂浮在海洋中，狀似冰山的塑膠袋，旁邊寫著「星球還是塑膠？」（PLANET OR PLASTIC?）然後，我翻到本文，把文字內容以及一張張的圖片看完，心裡餘波蕩漾。

過了幾週，又收到一封電郵，標題是「你的大便裡可能有塑膠微粒」（You Probably Have 'Microplastics' In Your Poop）。它是在報導一個還未正式發表的小型研究，而該研究在所有八個自願者的糞便裡都有發現塑膠微粒。

塑膠微粒，您一定吃過，但有害嗎？

這是第一則證實我們早已在吃塑膠的報導，但其實並不令人意外。在一個禮拜前，各中英文媒體就有報導，一個最新研究發現，全球二十一處地點的三十九個食鹽樣本裡，有三十六個被驗出含有塑膠微粒。其中，亞洲品牌的比率特別高，前三名分別是印尼、中國和台灣。

在近幾年發表的研究論文裡，也可以看到，在我們的生活空間裡，包括空氣和飲水，到處都充斥著塑膠微粒。所以，自然而然地，每個關心這個議題的人都在問，對健康有害嗎？我閱讀了數十篇研究報告，所得到的結論是，觀察性的以及實驗性的研究的確有發現，攝食塑膠微粒會對動物的健康有危害。但是，到目前為止，還沒有任何有關人體健康的研究。

至於讀者 Andy 所問的「煮沸的自來水足夠安全嗎？」，我找不到有科學根據的答案。但是，綜合我所看過的資料，我的判斷是，將水煮沸應當是無法去除塑膠微粒。

那，我們到底需不需要擔心這無所不在的塑膠微粒呢？在回答這個問題之前，我先問讀者另外兩個問題：一、假設今天您是從未聽過塑膠微粒這東西，那您會擔心嗎？二、縱然在聽過塑膠微粒這東西後，您有發現身上突然間長出什麼東西來嗎？

如果您的答案都是「不」或「沒有」，那就請您考慮選擇不要生活在恐懼中。畢竟，第一，您躲不開塑膠微粒，第二，塑膠微粒已存在數十年，但目前還沒有任何相關疾病案例，第三，塑膠微粒會在糞便裡出現，不正表示，它是被排出來了，不是嗎？

塑膠微粒的源頭、吸收和沉積

發表前文之後，收到三個讀者提問，我將這三個提問重新整理，並個別回答如下：

問：塑膠微粒的來源？

塑膠微粒的定義是「小於五毫米的塑膠顆粒」。它可以是初級（原生）的，也可以是次級（衍生）的。初級塑膠微粒是在製作成成品時就已經是小於五毫米，而次級塑膠微粒則是由較大的塑料分解而產生的。

最典型的初級塑膠微粒就是保養品裡的微珠。在美國，這類微珠每天有八十億顆被釋放到水生棲息地。其他初級塑膠微粒的來源包括工業磨料和用於製造較大塑料物品的預生產塑料顆粒。

次級塑膠微粒的來源則是任何你我每天都在用的塑料，包括已經丟棄的和終有一天會被丟棄的。由於現存的塑料垃圾會逐漸降解為次級塑膠微粒，所以，即使我們人類從今天開始完全停止生產塑料，並且不再丟棄任何塑料，我們在有生之年還是會看到塑膠微粒的數量繼續增加。

問：塑膠微粒會不會被胃酸及消化酶分解？

目前尚無相關研究發表。但是，由於強酸是可以分解塑膠，所以，我個人認為，塑膠微粒是有可能會被胃酸分解。只不過，當塑膠微粒被分解成更小的納米微粒時，可能反而更容易被吸收。至於消化酶，由於它們是專門消化蛋白質、脂肪或核酸，所以，我個人認為，它們是無法分解塑膠微粒。

問：關於塑膠微粒的研究其意義何在，又是如何檢驗的？

這樣的研究是要警告大眾，不要隨便丟棄塑料，否則會損害到自己的健康。有許多方法用來檢驗塑膠微粒，包括顯微鏡、拉曼光譜、微傅立葉轉換紅外線光譜等等。

問：可以用過濾器材除掉塑膠微粒嗎？

我所能找到的唯一一篇論文是 2017 年發表的，標題是「塑膠微粒汙染的解決方案－採用先進的廢水處理技術去除廢水中的塑膠微粒」[1]。但是，它是針對廢水處理，而不是飲水。我所能找到的有關飲水處理的資訊都是來自商業網站（請看附錄的四個連結），但我無從得知它們可信度的高低[2]。

問：塑膠微粒會不會沉澱堆積在肺部等器官內呢？

會。這是根據 2018 年 2 月發表的報告，標題是「空氣中的塑膠微粒：我們是否正在把它吸入？」[3]。

林教授的科學養生筆記

- 最典型的初級塑膠微粒就是保養品裡的微珠，次級塑膠微粒的來源則是任何你我每天都在用的塑料。塑膠微粒的研究是要警告大眾，不要隨便丟棄塑料，否則會損害到自己的健康。
- 塑膠微粒已存在數十年，雖然我們無法躲開塑膠微粒，但目前還沒有任何相關疾病案例。綜合目前看過的報告，我對於塑膠微粒的結論是：觀察性的以及實驗性的研究的確有發現，攝食塑膠微粒會對動物的健康有危害。但是，到目前為止，還沒有任何有關人的健康研究

遠紅外線的醫療效果

#紅外線、波長、治療儀

讀者宋先生在 2019 年 4 月利用本網站的「與我聯絡」詢問：林教授您好，拜讀了《餐桌上的偽科學》一書，覺得內容實用又有趣。尤其您說到「相關性不等於因果性」，深感切中關鍵。昨天想到一個與食用無關的問題，是有關遠紅外線對人的醫療效果，個人感覺是假的，卻又希望真的有點效果（發熱除外），希望能得知您的看法，謝謝！

我想，大多數人聽過「紅外線」（Infrared, IR），但是對於「遠紅外線」（Far infrared, FIR）可能就比較陌生，所以有必要稍作解釋。光線可分成「可見光」及「不可見光」。可見光是波長在 380 納米到 740 納米之間的光線。這些光線全部混在一起時，是白色的（就是白天時的亮光），但我們可以用三稜鏡將此白光分解成（由長波到短波）紅、橙、黃、綠、青、藍、紫，七種顏色。至於不可見光，指的就是波長低於 380 納米或高於 740 納米的光線，而紅外線指的就是「紅色光外側的光線」。

雖然紅外線是「紅色光」外側的光線，但其實它的波長範圍是相當廣，從 740 到 100 萬納米（即 1000 微米）。在這個範圍裡，靠近「紅色光」的就叫做「近紅外線」(740 到 3000 納米)，而遠離「紅色光」就叫做「遠紅外線」(3 到 1000 微米)。在醫療上，紅外線通常指的就是「近紅外線」，而這種紅外線通常是用來做物理治療（局部加熱）。

至於遠紅外線在醫療上的應用，則是完全不同於「近紅外線」。首先，「遠紅外線」本身幾乎是沒有熱量的（我們身體無法感覺到），所以它的治療功效並非在於「熱效應」。也就是說，正牌的遠紅外線治療儀是不會讓你覺得像三溫暖一樣，熱得很爽。

遠紅外線是如何達到治療的效果，目前還不是很清楚，但有一種說法是，它會與細胞產生共振（因此會產生微熱），從而將能量傳遞至深層組織，來達到治療的效果。

醫療器材和家電效果大不同

儘管有研究顯示遠紅外線可以治療心血管疾病、糖尿病、慢性腎臟病等等，但是實際上，正規的醫療機構目前還只是將它應用於物理治療，或某些特定的輔助治療（如洗腎）。

可是呢，市面上玲瑯滿目的遠紅外線治療儀大多聲稱能強化免疫系統、促進神經平衡等等，聽起來冠冕堂皇，但卻毫無實質意義的功效。所以，宋先生所問的「遠紅外線對人的醫療效果是真的嗎」，答案是：正規醫療機構所使用的，大多是真的，但是家電器材所聲稱的，則是假遠多於真。

林教授的科學養生筆記

- 有研究顯示遠紅外線可以治療心血管疾病、糖尿病、慢性腎臟病等等，但是實際上，正規的醫療機構目前還只是將它應用於物理治療，或某些特定的輔助治療（如洗腎）
- 關於遠紅外線的治療儀，正規醫療機構所使用的，大多是真的，但是家電器材所聲稱的，則是假遠多於真

5-5 大麻的藥用和娛樂價值

#毒品、大麻素、四氫大麻酚、大麻二酚

2018年元旦，加州開放娛樂用大麻合法銷售，大批民眾在大麻店外排隊跨年；2014年元旦，科羅拉多州民眾也在大雪中排隊等候購買剛開放的娛樂用大麻。半年前，一位久未聯絡的朋友來電，說他正在籌組藥用大麻公司，希望我能當他的醫學顧問。可是呢，美國聯邦還是認定大麻為毒品，台灣也是幾乎天天都有抓大麻「毒蟲」的新聞。這是怎麼回事？有人把它當成寶，有人卻視之為毒蛇猛獸。

其實，就政治、經濟或社會的層面而言，大麻的合法化，並不是那麼難以理解。您只要把大麻看成是像酒或香菸一樣的商品就好了。酒難道不是有毒？香菸，就更不用說。但是，就醫學或健康的層面而言，大麻到底是有益，還是有害，可就是一門非常複雜難懂的學問。光是大麻的化學成分就有八十多種。而這些統稱為「大麻素」的化學物質會通過我們細胞上的「大麻素受體」，來影響我們多到數不清的生理功能和心理狀態。

那，您會不會覺得很奇怪，為什麼我們的細胞上會有「大麻素受體」。難道，上帝在創造人時，就告訴我們到凡間快樂似神仙？您可先別罵我是在黑白講。千真萬確的事實是，我們的身體不但有「大麻素受體」，而且還會製造和分泌大麻素。這些統稱為「內源性大麻素」的化學物質，也是種類繁多，功能複雜。所以，再說下去，保證會讓人睡著。有興趣的讀者可以參考附錄這篇綜述論文[1]。

「四氫大麻酚」和「大麻二酚」

在所有大麻素中，被研究最多的是「四氫大麻酚」（THC），而它也就是大麻會讓人「嗨到不行」的主要成分。就醫療用途而言，THC 的最主要功能是增加食慾。有一個叫做 Marinol 的藥就是人工合成的 THC。它的處方受到嚴格控制，只能被用於治療愛滋病患的食慾不振及化療所引起的噁心和嘔吐。

在所有大麻素中，被研究第二多的是 CBD（大麻二酚）。它不會讓人「嗨到不行」。更重要的是，它就是所謂的「藥用大麻」的主要成分。鼓吹「藥用大麻」的人，幾乎都是用 CBD 的治療功效做為應該讓大麻合法的理由。

而在所有 CBD 的治療功效中，最為人熟知的就是它對癲癇的有效控制。另一個 CBD 常被提起的治療功效，就是止痛，尤其是極為難治的神經性疼痛。有位朋友因手術造成左大腿神經性疼痛。他雖然有吃醫生開的類鴉片止痛藥，但還是痛。所以，我就建議他考慮服用大麻，但我可以看得出來，他是連考慮都不會考慮的。

不管如何，CBD 還有其他非常多的醫療用途，包括抗癌、抗焦慮、保護神經（如阿茲海默、帕金森、多發性硬化症和中風），和治療吸毒成癮，特別是嗎啡和海洛因成癮。

儘管大麻具有無可爭議的藥用功效，但是，同樣無可爭議的是，絕大多數人吸食大麻，並不是為了治病，而是為了「嗨到不行」。尤其是日趨常見的精神疾病，極有可能就是因為越來越多人在青少年時期吸食大麻。由於十多歲時的大腦正在轉型（從小孩變大人），而大麻會擾亂此一過程，所以，青少年如吸食大麻，就較容易會發生精神錯亂，有興趣的讀者可以參考附錄這一篇文章[2]。

儘管法律規定二十一歲以上才可使用娛樂性大麻，但上有政策，下有對策，想要吸食大麻的人，不管是否二十一歲以上，是絕對不用擔心會買不到大麻。想想看，跨年夜徹夜排隊，大雪中大排長龍，大麻在美國人的心中，是寶還是毒，答案是再清晰不過。

大麻，該娛樂嗎？

前文發表之後，有位讀者回應：「那請問您贊成開放娛樂用大麻嗎？台灣僅將 K 他命列為三級毒品，大麻卻同安非他命列為二級毒品，實在覺得詭異。」其實，我在前面已經有講，就政治、經濟或社會的層面而言，大麻的合法化是可以理解的。酒和香菸不都是壞東西嗎？但是，它們卻都是合法的商品。那，大麻有比酒或香菸更危險嗎？這個就很難說。

但，不管有沒有比較危險，你禁得了大麻，抓得完毒蟲嗎？答案當然都是做不到。既然禁不了，也抓不完，又何必無限量地浪費社會資源呢？更何況，合法化還能帶來可觀的稅收。這不是一舉兩得，何樂而不為？但是，就醫學或健康的層面而言，我卻只能贊成藥用大麻，而無法贊成娛樂用大麻。這是因為，娛樂用大麻對健康的負面影響，是毋庸置疑的。下面是幾個最新的研究：

2017 年論文，標題是「大麻使用對心血管和腦血管死亡率的影響：一項使用國家健康和營養調查與死亡率相關文件的研究」[3]，結論：大麻的使用可能會增加高血壓死亡的風險。使用大麻越久，高血壓死亡的風險就越高。

2017 年論文，標題是「平常大麻使用與成人心理健康結果之間的關聯」[4]，結論：大麻使用者有較高的酒精使用障礙、尼古丁依賴和廣泛性焦慮症。在年輕時就使用大麻者，這些問題尤其嚴重。

2016 年論文，標題是「大麻使用和心血管疾病」[5]，結論：使用大麻會增加心血管疾病風險。

2016 年論文，標題是「大麻使用和精神障礙風險：來自美國國家縱向研究的前瞻性證據」[6]，結論：大麻的使用與酒精和尼古丁使用障礙有關聯性。

2016 年論文，標題是「娛樂大麻的使用和急性缺血性中風：一個基於在美國住院病患人口的分析」[7]，結論：在年輕的成年人中，娛樂大麻的使用增加因急性缺血性中風而住院的機率 17%。

2015 年論文，標題是「大麻、植物大麻素、內源性大麻素系統和男性生育力」[8]，結論：大麻會擾亂生精系統，從而導致男性不育。

還有，除了對健康的直接影響之外，娛樂大麻的使用也會增加駕駛事故，從而造成對自己和他人的傷害。所以，基於對健康影響的考量，我是不贊成開放娛樂用大麻。

林教授的科學養生筆記

- 就醫學或健康的層面而言，大麻到底是有益還是有害，是一門非常複雜難懂的學問。就醫學或健康層面而言，我只贊成藥用大麻，而無法贊成娛樂用大麻，因為娛樂用大麻對健康的負面影響是毋庸置疑的

電蚊香安全性與防蚊意識

#除蟲菊酯、普亞列寧、廢輪胎、登革熱

讀者 Jamin 在 2019 年 2 月利用本網站的「與我聯絡」詢問：林教授您好，查資料時偶然間看到您的網站，覺得很幸運，從您身上獲得不少知識和實事求證的科學精神。很多人有使用液體電蚊香的習慣，我看超市販售的液體電蚊香，成分多為「普亞列寧」（prallethrin），濃度 0.8% w/w 到 1.5% w/w，不知道教授覺得在睡眠時使用液體電蚊香，對人體是否有安全上的疑慮呢？

電蚊香的安全疑慮

這位讀者提到的 Prallethrin，音譯為普亞列寧，但我認為較好的翻譯是用化學名，也就是「丙炔菊酯」。「菊酯」是統稱。它包含了數十種在結構上和藥性上類似的化學物，例如，除了丙炔菊酯（Prallethrin），還有烯丙菊酯（Allethrin）、苯氰菊酯

（Cyphenothrin）、溴氰菊酯（Deltamethrin）等等。

這些化學物的英文名都是以 thrin 結尾，而中文名則是以「菊酯」結尾。兩者都是一目了然，容易看得出是同一家族的成員。反過來，像普亞列寧這樣的音譯，就完全看不出關聯性。

除此之外，菊酯這個名稱，還能很明確地表達它是「菊」所含的「酯」。也就是說，「菊酯」是來自於菊，而更精確的說法是，菊酯是來自於除蟲菊（學名：Chrysanthemum cinerariifolium）。所以，菊酯其實是「除蟲菊酯」的簡稱。

「除蟲菊酯」可以分成天然的跟合成的。天然的除蟲菊酯，英文統稱為 Pyrethrin，而合成的「除蟲菊酯」，則統稱為 Pyrethroid（更精確的中文是「類除蟲菊酯」或「擬除蟲菊酯」）。

由於天然的除蟲菊酯會被昆蟲身體裡的酵素分解，所以藥效短暫。相對地，合成的除蟲菊酯的藥效則較長。所以，目前市面上的除蟲菊酯都是合成的，包括上面提到的丙炔菊酯（Prallethrin）、烯丙菊酯（Allethrin）、苯氰菊酯（Cyphenothrin）、溴氰菊酯（Deltamethrin）等等。

這些合成的「除蟲菊酯」，就是傳統的蚊香捲和現代電蚊香的主要成分。醫學文獻裡是有一些「除蟲菊酯」對人體造成傷害的案例，但是，這些案例都是意外或自殺（接觸皮膚或喝進肚子）。也就是說，目前還沒有「除蟲菊酯」在正常使用情況下對人體造成傷害的案例。

2008 年有一篇模擬「除蟲菊酯」在正常使用情況下對人體造成影響的研究。它的標題是「慢性接觸基於擬除蟲菊酯的丙烯菊酯和丙炔菊酯驅蚊劑改變血漿生化特徵」[1]，其結論是，慢性接觸除蟲菊酯會造成一些血液生化改變。但是，這些改變到底是好或壞，也搞不清楚。所以，這個研究實在沒有多大幫助。

2013 年有一篇用老鼠做的研究，標題是「吸入式電子驅蚊液對大鼠的毒理學影響：血液學、細胞因子指數、氧化應激和腫瘤標誌物」[2]。它的結論是，持續性的吸入除蟲菊可能導致血液學、生物化學，細胞因子紊亂和對組織可能的誘變損傷。但是，這畢竟是用老鼠做的實驗，是否適用於人則不得而知。

總之，就目前已知的研究而言，電蚊香應當是安全的。但我個人認為，與其擔心電蚊香是否安全，還不如好好反省是誰造成蚊子的滋生。如果政府和民眾根本就是在鼓勵養蚊子，那就不要怪蚊子會咬人，會傳染登革熱。

更重要的事，培養防蚊意識

在上一本書收錄了蚊子喜歡咬什麼體質的文章（第 266 頁），該文發表時也得到相當高的點擊率，表示很多人關心蚊子的問題。但是，光是了解蚊子喜歡叮什麼樣的人，是沒有多大用處的。畢竟，只要有血可吸，蚊子是不會挑剔什麼人比較香或比較臭。不管是香的人或臭的人，如果想避免被蚊子叮，最有效的方法，就是防止蚊蟲的滋生。

遺憾的是，台灣民眾普遍嚴重缺乏防蚊意識。每次回台灣，不論是走在城市的巷弄裡，或是駐足鄉間的野地裡，我都可以看到丟棄的桶子、罐子、瓶子、盒子、大碗、小碗等等，而這些容器都是經年累月地盛著雨水，孵育成千上萬對你超感興趣的小飛俠。

丟棄的，還可以說是由於疏忽；故意的，則令人難以理解。走在觀光的老街上，我可以看到商家用輪胎來固定店門口的廣告招牌；從住家的高樓上，可見附近平房屋頂上有輪胎壓著鐵皮和塑膠片等等覆蓋的材料；走上頂樓陽台，還有各式各樣種花種菜的盛水容器。難道說，到了這個年代，真的還有這麼多人不知道積水是會滋生蚊蟲？

台灣近年來環保意識高漲，那難道防止蚊蟲滋生，不是環保？何況這樣的環保問題是遠比什麼河水汙染或坡地濫墾，來得容易解決。我個人只要看到有盛著水的廢棄容器，一定把它倒過來。如果你也能這樣做，會比在臉書上發文高喊環保口號，來得更有意義。

關於屋頂上輪胎的問題，我曾經問過家人，為何不叫里長處理。得到的回覆是，里長不敢得罪地方角頭。這是什麼道理？難道說，就只是把輪胎拿掉或換成其他壓重的東西，也是政治難題？2015 年爆發的登革熱疫情，教訓得還不夠？台灣民眾對於防止蚊害，真的需要一個全面的大覺醒。

林教授的科學養生筆記

- 目前還沒有「除蟲菊酯」在正常使用情況下對人體造成傷害的案例。就目前已知的研究而言，電蚊香應當是安全的
- 看到有盛著水的廢棄容器，請記得把它倒過來，避免蚊蟲孳生

不鏽鋼保溫杯與鐵鍋傳言

#重金屬、鉻、鎳、鐵、鐵鍋、血鐵質

讀者 Li Lei 在 2019 年 1 月用英文來信，重點如下：林教授你好，最近我哥哥購入一批玻璃瓶，不再使用不鏽鋼保溫杯，因為有文章說茶、咖啡、牛奶和果汁會從不銹鋼中釋放重金屬。我問他不銹鋼鍋具做菜也會嗎，他說那些情況並沒有將食物長時間放在密閉環境中。網路討論保溫杯安全性的文章多如牛毛，每種材質都曾被點名有毒。玻璃製的雖然風險較低，但也較容易被打破，想請教授幫忙分析。

不銹鋼保溫杯的鉛含量

首先，聲稱不鏽鋼保溫杯有毒的文章，有兩個類別：第一類的只有一篇，第二類的則有很多篇。我先來討論第一類的那篇，2017 年 1 月發表，標題是「在不銹鋼水瓶中發現有毒的鉛含量。您或您的孩子是否使用這些水瓶？」[1]。文章說，不鏽鋼保溫杯的底部有一個焊接點，而此一焊接點含有大量的鉛。如果小孩子用手碰觸到此一焊接點，然後放進嘴裡，就可能會攝入大量的鉛。

可是，文章也有講，保溫杯的底部有塑膠蓋子，所以，也只有在將塑膠蓋取下的情況下，才有可能會碰觸到該焊接點。更何況，這篇文章完全沒有提到，保溫杯裡的飲料是否真的含有鉛。所以，它標題所說的「在不銹鋼水瓶中發現有毒的鉛含量」，恐有誤導之嫌。

不銹鋼保溫杯的鐵、鉻、鎳含量

第二類的文章可以用下面這一篇做為代表：「為什麼我們從不銹鋼換到玻璃水瓶」[2]。它說，根據一項研究，鐵會從不銹鋼瓶滲出到所有食物中，而鉻和鎳則會從不銹鋼瓶滲出到酸性和鹼性食物中。

文章裡所說的研究發表於 1994 年，標題是「從不銹鋼器皿中滲出重金屬（鉻、鐵和鎳）到食品模擬物和食品材料中」[3]。這篇論文就成為所有第二類聲稱不銹鋼保溫杯有「毒」的文章的科學證據。可是，您一定聽說過「缺鐵」這件事吧。它是確定會造成貧血，而還有醫生出書說它會造成憂鬱症呢。所以，您需要擔心不銹鋼保溫杯會滲出鐵嗎？

至於鉻，它也是我們必須攝取的「營養素」之一[4]，而有一款營養品還聲稱它可以降血糖、抗過敏等等。所以，您需要擔心不銹鋼保溫杯會滲出鉻嗎？

至於鎳，它的確是會引發全身性的接觸性皮膚炎[5]，所以它可能是需要讓我們擔心會從不銹鋼保溫杯滲出來。但是，我們來看那篇 1994 年論文的結尾怎麼說：「從不銹鋼保溫杯滲出的鎳濃度可能不會對消費者構成危害，因為滲出的量是低於環境保護局的推薦值（每天 0.02 毫克）」

所以，綜上所述，不銹鋼保溫杯有毒的說法，是相當牽強的。還有，這篇論文的發表是二十五年前的事了。那，為什麼會沒有後續論文發表？更值得注意的是，聲稱不銹鋼保溫杯有毒的網頁，有一個共同的特性，那就是，它們都是在推銷非不銹鋼材質的保溫杯。

總之，不銹鋼保溫杯是否有毒，沒有人真的知道。但是，可以確定的是，沒有任何科學證據顯示，它曾經造成人體傷害。

鐵鍋炒菜會增加鐵質，但血鐵質過高反而有害

前文發表後，讀者丁磊回應：看到此文，讓我想起在中國大陸工作時，朋友說用鐵鍋炒菜可以增加鐵質，人人對此都深信不疑。我因為不理解，所以也不太相信，請問教授這種說法有依據嗎？

丁先生會問「鐵鍋炒菜會增加鐵質嗎」，是因為我在前文有提供一篇 1994 年發表的論文，標題是「從不銹鋼器皿中滲出重金屬（鉻、鐵和鎳）到食品模擬物和食品材料中」。好，現在我們可以來看四篇有關鐵鍋烹煮是否會增加鐵質的論文：

一、1986 年論文，標題是「用鐵餐具烹調的食物鐵質狀態」[6]。這項研究的目的是想要知道，食物用鐵製器皿烹煮，是否會比用非鐵製器皿烹煮，含較高量的鐵。所以，研究人員就測試了二十種食物，結果發現，大多數食物（90%）在鐵製器皿中烹煮會比在非鐵製器皿中烹煮含有較多的鐵。尤其是酸度越高或水分越多的食物，用鐵鍋烹煮後，鐵的含量會大大提升。例如義大利麵醬（spaghetti sauce），會從每一百公克含 0.6 毫克的鐵，增加到每一百公克含 5.7 毫克的鐵（將近十倍）。所以，這項研究的結論是：一、用鐵製器皿烹煮的食物，會比用非鐵製器皿烹煮的食物，含有較高量的鐵。二、食物的酸度、水分含量和烹煮時間會顯著影響鐵製器皿烹煮食物的鐵含量。

二、1991 年論文，標題是「食物裡的鐵質：持續使用鐵鍋的效應」[7]。這項研究可以說是上一個研究的確認及延伸。研究人員這次只專注於兩種酸度較高的食物 ，即義大利麵醬及蘋果泥（apple sauce）。結果發現，用鐵鍋烹煮後，每一百公克義大利麵醬會增加二毫克的鐵，而每一百公克蘋果泥會增加六毫克的鐵。還有，這次的研究也發現，老的鐵鍋（用的次數多）比較不會增加食物的鐵含量，但儘管如此，用了五十次的鐵鍋還是會增加食物的鐵含量。

三、1999 年論文，標題是「攝取用鐵鍋煮的食物對於鐵質狀態和年幼孩童成長的影響：隨機測試」[8]。由於落後國家的貧血情況比較嚴重，所以這項研究是想測試，如果這些國家的人用鐵鍋來烹煮食物，貧血的情況是否就會有所改善。就這樣，研究人員在伊索匹亞招募了 407 位兒童，然後讓他們吃用鐵鍋或鋁鍋烹煮的食物。結果發現，食用鐵鍋烹煮食物的兒童，比食用鋁鍋烹煮食物的兒童，在 12 個月之後，貧血率較低，而生長率則較高。所以，研究人員認為，提供鐵鍋給落後國家的家庭可能是預防缺鐵性貧血的有效方法。

四、2013 年論文，標題是「鐵鍋煮菜對於鐵質狀態的益處」[9]。這項研究是在印度進行，也是希望能增加兒童的鐵攝取量。結果發現，在鐵鍋中烹煮的點心，比在特氟隆塗層的不沾鍋中烹煮的點心，鐵含量增加了 16.2%，而小孩子在吃了用鐵鍋烹煮的點心四個月之後，血紅蛋白增加了 7.9%。

從以上這些研究，我們可以確定，用鐵鍋炒菜是會增加鐵質。但是，我想大多數讀者畢竟是沒有缺鐵的問題，而過度攝取鐵反而是有害，所以，還是請您不要急著去買鐵鍋。

至於台灣人是否缺鐵，根據台灣國家衛生研究院的研究[10]，台灣女性血鐵值超過正常 80 μg/dL 的比率高達五成七，而男性更超過七成七。該研究也發現，相較於血鐵值 60 到 79 μg/dL 的正常人，血鐵值超過 120 μg/dL 的人得癌的機率高出 25%，而死於癌症的機會則高出 39%。

林教授的科學養生筆記

- 不銹鋼保溫杯是否有毒，沒有人真的知道。但可以確定的是，沒有任何科學證據顯示，它曾經造成人體傷害
- 用鐵鍋炒菜確實會增加鐵質，但台灣多數人（台灣女性血鐵值超過正常 80 μg/dL 比率高達五成七，男性超過七成七。)並沒有缺鐵的問題，而過度攝取鐵反而有害

附錄：資料來源

（掃描二維碼即可檢視全書附錄網址及原文）

前言
科學的養生保健，養生保健的偽科學

1 美國醫學會 2019 年 4 月 22 日「對抗偽醫療信息」Counteracting Health Misinformation，https://jamanetwork.com/journals/jama/article-abstract/2731897

2 2014 年《英國醫學期刊》，https://www.bmj.com/content/349/bmj.g7346

3 2015 年 4 月，NBC 訪問奧茲醫生影片，https://www.nbcnews.com/health/health-news/dr-oz-responds-critics-its-not-medical-show-n347101

4 2017 年 9 月關鍵評論網文章「醫師，加辣嗎？」https://www.thenewslens.com/article/78055

Part 1
基礎健康講堂

1-1 亞硝酸鹽的惡名與真相

1 華視新聞「這些年菜回鍋變質，吃多好傷身」http://news.cts.com.tw/cts/life/201702/201702021847338.html#.WJQMVNIrJdg

2 1981 年《紐約時報》報導，THE NITRITE QUESTION: WHAT CAN YOU EAT? https://www.nytimes.com/1981/12/23/garden/the-nitrite-question-what-can-you-eat.html?pagewanted=all

3 Is the Nitrate in Leftover Vegetables Harmful? https://www.verywellfit.com/is-the-nitrate-in-leftover-vegetables-harmful-2507123

4 The use and control of nitrate and nitrite for the processing of meat products，https://www.

sciencedirect.com/science/article/abs/pii/S0309174007001994

5 兩篇硝酸鹽有益健康的論文：

一、Food sources of nitrates and nitrites: the physiologic context for potential health benefits https://academic.oup.com/ajcn/article/90/1/1/4596750

二、Nitrate and Nitrite in Health and Disease https://www.ncbi.nlm.nih.gov/pmc/articles/PMC6147587/

6 Harnessing the Nitrate–Nitrite–Nitric Oxide Pathway for Therapy of Heart Failure With Preserved Ejection Fraction，https://www.ahajournals.org/doi/10.1161/CIRCULATIONAHA.114.014149

1-2 反式脂肪的真正問題

1 TVBS 報導：漢堡反式脂肪多！人體得花五十一天才消化，https://news.tvbs.com.tw/life/624167

2 中國數字科技館：美國為何禁止反式脂肪酸，https://www.cdstm.cn/gallery/media/mkjx/jtyyao/201605/t20160527_327312.html

3 反式脂肪的代謝和作用的參考資料，一是網路文章，較容易懂：

一、https://www.verywellfit.com/what-happens-when-i-eat-trans-fat-2507125

二、https://www.sciencedirect.com/science/article/pii/B9780955251238500076

三、https://www.amazon.com/Trans-Foods-David-Kritchevsky-Ratnayake/dp/1893997960；

四、https://www.ncbi.nlm.nih.gov/pubmed/28951788

五、https://www.ncbi.nlm.nih.gov/pubmed/23648399

六、https://www.tandfonline.com/doi/abs/10.1080/87559129.2015.1075214

七、Emken, E. Metabolism of trans and cis fatty acid positional isomers compared to non-isomeric fatty acids. In: Trans Fats in Foods, pp. 59-95 (G.R. List, W.M.N. Ratnayake and D. Kritchevsky (eds.),AOCS Press, Champaign, IL) 2007

八、Sébédio, J.L. and Christie, W.W. Metabolism of trans fatty acid isomers. In: Trans Fatty Acids in Human Nutrition (2nd edition), pp. 163-194 (F. Destaillats, J.L. Sébédio, F. Dionisi and J.-M. Chardigny (eds.), Oily Press, Bridgwater) 2009

1-3 電視醫生，爭議不斷

1 BBC「相信我，我是醫生」，哪種油最適合烹調，Which oils are best to cook with? https://www.bbc.co.uk/programmes/articles/3t902pqt3C7nGN99hVRFc1y/which-oils-are-best-to-cook-with

2 國際食品資訊協會「請不要將蔬菜油換成豬油」Please Don't Switch Out Your Vegetable Oils for Lard，https://foodinsight.org/please-dont-switch-out-your-vegetable-oils-for-lard/
3 美國 FDA 針對藤黃果的警告信函，Acute liver failure associated with Garcinia cambogia use. https://www.ncbi.nlm.nih.gov/pubmed/26626648
4 https://topclassactions.com/lawsuit-settlements/closed-settlements/306126-maritzmayer-garcinia-cambogia-class-action-settlement/
5 https://www.ftc.gov/system/files/documents/public_statements/316321/140617falsedecepweightloss.pdf
6 2014 年，《英國醫學期刊》（BMJ）針對奧茲醫生的研究報告 Televised medical talk shows—what they recommend and the evidence to support their recommendations: a prospective observational study，https://www.bmj.com/content/bmj/349/bmj.g7346.full.pdf

1-4 棕櫚油和芥菜籽油的謠言破解

1 歐食安局：棕櫚油高溫提煉，知名抹醬恐致癌，https://news.tvbs.com.tw/world/700367
2 WebMD 文章，棕櫚油：備受攻擊的新脂肪，Palm Oil: The New Fat Under Fire，https://www.webmd.com/food-recipes/news/20170209/palm-oil-the-new-fat-under-fire#1
3 美國農業部的棕櫚油資料，https://apps.fas.usda.gov/psdonline/circulars/oilseeds.pdf
4 芥菜籽油文獻記載，https://books.google.com.tw/books?id=wKWulH2TFh4C&printsec=frontcover&source=gbs_ge_summary_r&redir_esc=y#v=onepage&q&f=false
5 加拿大芥菜議會的資料，https://www.canolacouncil.org/oil-and-meal/what-is-canola/
6 2014 年研究，Thirteen week rodent feeding study with processed fractions from herbicide tolerant (DP-Ø73496-4) canola. https://www.ncbi.nlm.nih.gov/pubmed/?term=Thirteen+week+rodent+feeding+study+with+processed+fractions

1-5 黑糖和甜菊糖的注意事項

1 三立新聞「黑糖奶超夯，醫：這些人不能喝」，https://today.line.me/TW/article/ok8R6p?utm_source=copyshare
2 甜菊糖研究，Human Psychometric and Taste Receptor Responses to Steviol Glycosides，https://pubs.acs.org/doi/abs/10.1021/jf301297n
3 Ingredion 公司的甜菊糖聲明，The new sweet taste of sugarreduction, https://www.ingredion.us/Ingredients/ProductPages/bestevia.html
4 甜菊糖對於血糖的影響歷年研究：
2004 年：Antihyperglycemic effects of stevioside in type 2 diabetic subjects

2008 年：Chronic consumption of rebaudioside A, a steviol glycoside, in men and women with type 2 diabetes mellitus

2008 年：Apparent lack of pharmacological effect of steviol glycosides used as sweeteners in humans. A pilot study of repeated exposures in some normotensive and hypotensive individuals and in Type 1 and Type 2 diabetics

2015 年：Effect of the natural sweetener, steviol glycoside, on cardiovascular risk factors: a systematic review and meta-analysis of randomised clinical trials

5 2018 年 3 月 28 日，紐約時報「甜菊糖的反例」The Case Against Stevia，https://www.nytimes.com/2018/03/28/opinion/the-case-against-stevia.html

1-6 高糖是否導致失智症和胰腺癌？

1 2010 年論文「果糖攝入量增加是失智的危險因素」Increased fructose intake as a risk factor for dementia，https://www.ncbi.nlm.nih.gov/pubmed/20504892

2 2017 年論文「社區含糖飲料攝入量和臨床前阿茲海默症」Sugary beverage intake and preclinical Alzheimer's disease in the community, https://www.ncbi.nlm.nih.gov/pubmed/28274718

3 2018 年報告「社區多種族人群的含糖飲料消費和阿茲海默症的風險」SUGARY BEVERAGE CONSUMPTION AND RISK OF ALZHEIMER'S DISEASE IN A COMMUNITY-BASED MULTIETHNIC POPULATION，https://www.alzheimersanddementia.com/article/S1552-5260(18)32868-1/fulltext

4 2018 年報告「妊娠期高糖飲食促進阿茲海默症表型，觸發代謝功能障礙，並縮短 3XTG 後代的生命」GESTATIONAL HIGH SUGAR DIET PROMOTES ALZHEIMER'S DISEASE PHENOTYPE, TRIGGERS METABOLIC DYSFUNCTION AND SHORTENS SURVIVAL IN 3XTG OFFSPRING LATER IN LIFE，https://www.alzheimersanddementia.com/article/S1552-5260(18)30271-1/fulltext

5 2019 年 1 月《柳葉刀》大型報告，「1990–2016 年全球，區域和國家為阿茲海默症和其他失智症的負擔：對 2016 年全球疾病負擔研究的系統分析」Global, regional, and national burden of Alzheimer's disease and other dementias, 1990–2016: a systematic analysis for the Global Burden of Disease Study 2016，https://www.thelancet.com/journals/laneur/article/PIIS1474-4422(18)30403-4/fulltext

6 2019 年 3 月 8 日，元氣網「中研院研究證實：高糖是胰腺癌發生原因」https://health.udn.com/health/story/6016/3684897

1-7 高果糖玉米糖漿的安全分析

1 馬克・海曼醫生「高果糖玉米糖漿會殺害你的五個理由」5 Reasons High Fructose Corn Syrup Will Kill You，https://drhyman.com/blog/2011/05/13/5-reasons-high-fructose-corn-syrup-will-kill-you/

2 Youtube 影片「果糖對健康的危害」https://www.youtube.com/watch?t=6s&v=M4chH0nEvRs&app=desktop

3 羅伯特・路斯迪格醫生（Robert H. Lustig, M.D.）Youtube 影片「糖：苦澀的真相」Sugar: The Bitter Truth，https://www.youtube.com/watch?v=dBnniua6-oM

4 美國 FDA「高果糖玉米糖漿 Q&A」High Fructose Corn Syrup Questions and Answers，https://www.fda.gov/Food/IngredientsPackagingLabeling/FoodAdditivesIngredients/ucm324856.htm

1-8 果糖、純果汁與水果的利弊分析

1 2019 年論文「果糖在代謝綜合徵和肥胖流行病的十字路口」Fructose at the crossroads of the metabolic syndrome and obesity epidemics，https://www.ncbi.nlm.nih.gov/pubmed/30468651

2 2018 年論文「果糖和糖：非酒精性脂肪肝病的主要中介者」Fructose and sugar: A major mediator of non-alcoholic fatty liver disease，https://www.ncbi.nlm.nih.gov/pubmed/29408694

3 2017 年論文「果糖食用、脂肪生成和非酒精性脂肪肝病」Fructose Consumption, Lipogenesis, and Non-Alcoholic Fatty Liver Disease，https://www.ncbi.nlm.nih.gov/pubmed/28878197

4 2016 年果糖研究報告，Fructose Containing Sugars at Normal Levels of Consumption Do Not Effect Adversely Components of the Metabolic Syndrome and Risk Factors for Cardiovascular Disease. https://www.ncbi.nlm.nih.gov/pubmed/27023594

5 2006 年論文〈果汁攝取預測低收入家庭孩童肥胖增加：環境狀態互動與體重〉Fruit Juice Intake Predicts Increased Adiposity Gain in Children From Low-Income Families: Weight Status-by-Environment Interaction，https://bit.ly/2V6L08f

6 2008 年論文〈水果、蔬菜和果汁的攝取對於女性糖尿病的風險〉Intake of Fruit, Vegetables, and Fruit Juices and Risk of Diabetes in Women，https://www.ncbi.nlm.nih.gov/pmc/articles/PMC2453647/

7 2010 年論文〈攝取無酒精飲料與果汁對於醫生測量二型糖尿病風險事件：新加坡華裔的健康研究〉Soft drink and juice consumption and risk of physician-diagnosed incident type 2 diabetes: the Singapore Chinese Health Study，https://www.ncbi.nlm.nih.gov/pubmed/20160170

8 2012 年論文〈去除百分百純果汁降低孩童肥胖〉Reducing Childhood Obesity by Eliminating 100% Fruit Juice，https://www.ncbi.nlm.nih.gov/pmc/articles/PMC3482038/

9 2013 年〈水果攝取與二型糖尿病的風險：三個預期縱慣性群體研究的結果〉Fruit consumption and risk of type 2 diabetes: results from three prospective longitudinal cohort studies，https://www.bmj.com/content/347/bmj.f5001

10 空洞的承諾：水果必須空腹吃才能被身體適當地吸收嗎？ Empty Promises：Must fruit be eaten on an empty stomach in order for the body to absorb it properly? https://www.snopes.com/fact-check/empty-promises/

11 德瓦吉・珊馬甘（Devagi Sanmugam）印度裔新加坡女廚師的臉書 https://www.facebook.com/chefdevagisanmugam/

1-9 酒的不良影響

1 2015 年論文，A personalized medicine approach for Asian Americans with the aldehyde dehydrogenase 2*2 variant. https://www.ncbi.nlm.nih.gov/pubmed/25292432

2 2012 年論文，Genes encoding enzymes involved in ethanol metabolism. https://www.ncbi.nlm.nih.gov/pubmed/23134050

3 2018 年 10 月 26 號，TVBS 新聞：喝酒比運動好？美研究曝「驚人發現」喝酒＋微胖更長命，https://news.tvbs.com.tw/health/1017464

4 2018 年 3 月 21 號新聞「洛約拉研究人員説，酒精研究背後的科學似乎是不確定的」Loyola Researchers Say Science Behind Alcohol Study Seems Uncertain，http://loyolaphoenix.com/2018/03/loyola-researchers-say-science-behind-alcohol-study-seems-uncertain/

1-10 咖啡因的疑慮，科學證據

1 2016 年 5 月 31 日蘋果日報「喝慣茶和咖啡，小心心律不整找上門」https://tw.appledaily.com/new/realtime/20160531/874654/

2 2018 年 5 月 2 號 TVBS「咖啡喝過量，當心心律不整釀猝死！」https://news.tvbs.com.tw/ttalk/detail/life/12200

3 1990 年的論文，Caffeine and Ventricular Arrhythmias: An Electrophysiological Approach，https://jamanetwork.com/journals/jama/article-abstract/383792

4 1991 年的論文，Caffeine and Cardiac Arrhythmias，https://annals.org/aim/article-abstract/704411/caffeine-cardiac-arrhythmias

5 1996 年的論文，Caffeine restriction has no role in the management of patients with symptomatic idiopathic ventricular premature beats，https://www.ncbi.nlm.nih.gov/

pubmed/8983684

6 2005 年論文，Caffeine and risk of atrial fibrillation or flutter: the Danish Diet, Cancer, and Health Study，https://www.ncbi.nlm.nih.gov/pubmed/15755825

7 2010 年的論文，Caffeine consumption and incident atrial fibrillation in women，https://www.ncbi.nlm.nih.gov/pubmed/20573799

8 2011 年的論文，Caffeine and cardiac arrhythmias: a review of the evidence，https://www.ncbi.nlm.nih.gov/pubmed/?term=Pelchovitz+DJ%2C+Goldberger+JL+2011

9 2011 年的論文，Coffee, Caffeine, and Risk of Hospitalization for Arrhythmias，https://www.ncbi.nlm.nih.gov/pubmed/22058665

10 2013 年的論文，Caffeine does not increase the risk of atrial fibrillation: a systematic review and meta-analysis of observational studies，https://www.ncbi.nlm.nih.gov/pubmed/24009307

11 2014 年的論文，Caffeine intake and atrial fibrillation incidence: dose response meta-analysis of prospective cohort studies，https://www.ncbi.nlm.nih.gov/pubmed/24680173

12 2014 年發表的論文，A Prospective Placebo Controlled Randomized Study of Caffeine in Patients with Supraventricular Tachycardia Undergoing Electrophysiologic Testing，https://onlinelibrary.wiley.com/doi/abs/10.1111/jce.12504

13 2016 年的論文，Effect of caffeine on ventricular arrhythmia: a systematic review and meta-analysis of experimental and clinical studies，https://www.ncbi.nlm.nih.gov/pubmed/26443445

14 2018 年的論文，Caffeine and Arrhythmias: Time to Grind the Data，https://www.ncbi.nlm.nih.gov/pubmed/30067480

15 2012 年的研究，Tea and coffee consumption in relation to vitamin D and calcium levels in Saudi adolescents. https://www.ncbi.nlm.nih.gov/pubmed/22905922

16 2013 年的研究，Black tea may be a prospective adjunct for calcium supplementation to prevent early menopausal bone loss in a rat model of osteoporosis. https://www.ncbi.nlm.nih.gov/pubmed/23984184

17 1990 年到 2017 年，十二篇的臨床報告

1990 年：Caffeine and the risk of hip fracture: the Framingham Study，https://www.ncbi.nlm.nih.gov/pubmed/2403108

1991 年：Caffeine, moderate alcohol intake, and risk of fractures of the hip and forearm in middle-aged women，https://www.ncbi.nlm.nih.gov/pubmed/2058578

1992 年：Is caffeine consumption a risk factor for osteoporosis? https://www.ncbi.nlm.nih.gov/pubmed/1609631

1994 年：Caffeine and bone loss in healthy postmenopausal women，https://www.ncbi.nlm.

nih.gov/pubmed/8092093

1996 年：Caffeine does not affect the rate of gain in spine bone in young women，https://www.ncbi.nlm.nih.gov/pubmed/8704354

1998 年：Cigarette smoking, alcohol and caffeine consumption, and bone mineral density in postmenopausal women. The Nottingham EPIC Study Group，https://www.ncbi.nlm.nih.gov/pubmed/10024906

2000 年：Tea drinking and bone mineral density in older women，https://www.ncbi.nlm.nih.gov/pubmed/10731510

2006 年：Coffee, tea and caffeine consumption in relation to osteoporotic fracture risk in a cohort of Swedish women，https://www.ncbi.nlm.nih.gov/pubmed/16758142

2007 年：Tea drinking is associated with benefits on bone density in older women，https://www.ncbi.nlm.nih.gov/pubmed/17921409

2008 年：Association between caffeine intake and bone mass among young women: potential effect modification by depot medroxyprogesterone acetate use，https://www.ncbi.nlm.nih.gov/pubmed/18004611

2013 年：Association between low bone mass and calcium and caffeine intake among perimenopausal women in Southern Brazil: cross-sectional study，https://www.ncbi.nlm.nih.gov/pubmed/24310800

2017 年：Impact of beverage consumption, age, and site dependency on dual energy X-ray absorptiometry (DEXA) measurements in perimenopausal women: a prospective study, https://www.ncbi.nlm.nih.gov/pubmed/28883860

1-11 口腔衛生確實影響全身健康

1 2012 年研究，發現「具核梭桿菌」與大腸癌有關係，Fusobacterium nucleatum infection is prevalent in human colorectal carcinoma，https://genome.cshlp.org/content/22/2/299.full.pdf+html

2 2016 年的報告，Fap2 Mediates Fusobacterium nucleatum Colorectal Adenocarcinoma Enrichment by Binding to Tumor-Expressed Gal-GalNAc. https://www.ncbi.nlm.nih.gov/pubmed/27512904

3 2016 年報告，牙周病人與胰腺癌的調查，Investigating the Association Between Periodontal Disease and Risk of Pancreatic Cancer. https://www.ncbi.nlm.nih.gov/pubmed/26474422

4 人類口腔微生物組和胰腺癌的前瞻性風險：基於人群的巢式病例對照研究 Human oral microbiome and prospective risk for pancreatic cancer: a population-based nested case-

control study
https://www.ncbi.nlm.nih.gov/pubmed/27742762

5 2017 年 2 月，美國心臟協會年會新聞，ISC17 Wednesday News Tips，http://newsroom.heart.org/news/isc17-wednesday-news-tips

6 The Hunterian Lecture ON THE ASSOCIATION OF DISEASE OF THE MOUTH WITH RHEUMATOID ARTHRITIS AND CERTAIN OTHER FORMS OF RHEUMATISM. https://www.sciencedirect.com/science/article/pii/S014067360162155X

7 2008 美國人口的牙周病、掉牙與類風濕性關節炎報告，Association of periodontal disease and tooth loss with rheumatoid arthritis in the US population. http://www.jrheum.org/content/35/1/70.long

8 2016 年 12 月 14 日發表的報告，Aggregatibacter actinomycetemcomitans–induced hypercitrullination links periodontal infection to autoimmunity in rheumatoid arthritis，http://stm.sciencemag.org/content/8/369/369ra176

1-12 銀粉、洗牙與牙膏的注意事項

1 2012 年的回顧性論文，The Dental Amalgam Toxicity Fear: A Myth or Actuality，https://www.ncbi.nlm.nih.gov/pmc/articles/PMC3388771/

2 世界衛生組織，The Minamata Convention and the phase down of dental amalgam，https://www.who.int/bulletin/volumes/96/6/17-203141/en/

3 1939 年《美國公共衛生雜誌》，https://ajph.aphapublications.org/doi/pdf/10.2105/AJPH.29.12.1358

4 1940 年《美國醫學會雜誌》https://jamanetwork.com/journals/jama/article-abstract/1160631

5 2015 年 10 月「偉斯頓普萊斯駭人聽聞的生平」Weston Price's Appalling Legacy，https://sciencebasedmedicine.org/sbm-weston-prices-appalling-legacy/

6 2018 年 12 月報告，常規洗牙與成人牙周健康，Routine scale and polish for periodontal health in adults，https://www.cochrane.org/CD004625/ORAL_routine-scale-and-polish-periodontal-health-adults

7 美國疾病控制及預防中心（CDC）2019 年 2 月調查報告，兒童和青少年牙膏使用和刷牙習慣 — 美國 2013 到 2016，Use of Toothpaste and Toothbrushing Patterns Among Children and Adolescents—United States, 2013–2016，https://www.cdc.gov/mmwr/volumes/68/wr/mm6804a3.htm

8 派斯頓牙科診所（Paxton Dental）網站文章「牙膏的危險」The Dangers of Toothpaste，https://www.paxtondentalcare.com/blog/dangers-toothpaste/

9 哈里斯牙科診所（Harris Dental）網站文章「你該使用多少牙膏」How much toothpaste should you be using，https://www.harrisdental.com/blog/how-much-toothpaste-should-you-be-using/

10 2005 年，牙醫教授湯瑪士・亞伯拉罕生（Thomas Abrahamsen）論文，磨損的牙列——磨損和侵蝕的病徵模式，The worn dentition–pathognomonic patterns of abrasion and erosion，https://www.ncbi.nlm.nih.gov/pubmed/?term=Abrahamsen+toothpaste

1-13 跑步與健康的科學研究

1 2011 年論文，馬拉松後腎臟數據改變和急性腎損傷，Changes in renal markers and acute kidney injury after marathon running，https://onlinelibrary.wiley.com/doi/pdf/10.1111/j.1440-1797.2010.01354.x

2 2011 年論文，經年的長跑者的心肌纖維化多種面向，Diverse patterns of myocardial fibrosis in lifelong, veteran endurance athletes，https://www.ncbi.nlm.nih.gov/pubmed/21330616

3 2017 年論文，「馬拉松跑者的腎損傷和修復生物標記」Kidney Injury and Repair Biomarkers in Marathon Runners，https://www.ncbi.nlm.nih.gov/pubmed/28363731

4 2017 年論文「運動員的長年運動量與動脈粥樣硬化之關係」Relationship Between Lifelong Exercise Volume and Coronary Atherosclerosis in Athletes，https://www.ahajournals.org/doi/full/10.1161/CIRCULATIONAHA.117.027834

5 2017 年論文「經年的長跑者的冠狀動脈鈣化盛行率與較低動脈粥樣硬化風險檔案」Prevalence of Subclinical Coronary Artery Disease in Masters Endurance Athletes With a Low Atherosclerotic Risk Profile，https://www.ahajournals.org/doi/full/10.1161/CIRCULATIONAHA.116.026964

6 2017 年論文「50 人，3510 場馬拉松，冠狀動脈鈣化與冠狀動脈疾病風險因子」Fifty Men, 3510 Marathons, Cardiac Risk Factors, and Coronary Artery Calcium Scores，https://www.ncbi.nlm.nih.gov/pubmed/28719492

7 2018 年論文「跑步耐力賽後心臟肌鈣蛋白上升」Elevation of Cardiac Troponins After Endurance Running Competitions，https://www.ahajournals.org/doi/10.1161/CIRCULATIONAHA.118.034655

8 2018 年論文「活躍馬拉松跑者的髖及膝蓋關節炎機率較低」Low Prevalence of Hip and Knee Arthritis in Active Marathon Runners，https://www.ncbi.nlm.nih.gov/pubmed/29342063

9 「跑步是否導致膝蓋關節炎？」Does Running Cause Knee Arthritis?，https://www.howardluksmd.com/orthopedic-social-media/does-running-cause-knee-arthritis/

10「跑步是否會傷害你的膝蓋」Is Running Bad for Your Knees?，https://www.nm.org/

healthbeat/healthy-tips/fitness/is-running-bad-for-your-knees
11 2013 年論文「跑步和走路對於關節炎和膝蓋置換風險的影響」Effects of running and walking on osteoarthritis and hip replacement risk，https://www.ncbi.nlm.nih.gov/pubmed/23377837
12 2016 年論文「跑步降低膝關節內促進發炎細胞因子和軟骨低聚基質濃度：先導研究」Running decreases knee intra-articular cytokine and cartilage oligomeric matrix concentrations: a pilot study，https://www.ncbi.nlm.nih.gov/pubmed/27699484
13 2017 年論文「跑步習慣與膝關節炎是否有關？關節炎橫向研究新面向」Is There an Association Between a History of Running and Symptomatic Knee Osteoarthritis? A Cross-Sectional Study From the Osteoarthritis Initiative，https://www.ncbi.nlm.nih.gov/pubmed/27333572
14 2017 年論文「休閒性跑者與競爭性跑者的膝及髖關節炎關聯：系統性報告與薈萃分析」The Association of Recreational and Competitive Running With Hip and Knee Osteoarthritis: A Systematic Review and Meta-analysis，https://www.ncbi.nlm.nih.gov/pubmed/28504066
15 2018 年論文「與走路相比，跑步對於髖關節負擔是否較輕？」Is Running Better than Walking for Reducing Hip Joint Loads?，https://www.ncbi.nlm.nih.gov/pubmed/29933351

Part 2
食補與保健品的騙局

2-1 鳳梨可溶解飛蚊症是鬧劇一場

1 飛蚊症超煩！台研究：吃鳳梨可溶解黑點點，登美國科學期刊，https://health.ettoday.net/news/1453560
2 期刊黑名單列表，Journals Blacklist，http://blacklist.research.ac.ir/
3 掠奪型期刊及出版社列表，Predatory Journals and Publishers，https://beallslist.weebly.com/
4 「在台灣用三個月的鳳梨補充劑來進行玻璃體漂浮物的藥學性溶解：一項試探性研究」Pharmacologic vitreolysis of vitreous floaters by 3-month pineapple supplement in Taiwan: a pilot study，http://www.jofamericanscience.org/journals/am-sci/jas150419/03_34649jas150419_17_30.pdf
5 健康雲文章，吃鳳梨治飛蚊症遭教授打臉：酵素不會跑到眼睛！研究作者回應了，https://health.ettoday.net/news/1455263

2-2 護眼補充劑與太陽眼鏡的必要性

1 2014 年報告，十一種的熱賣的護眼補充劑成分分析，http://www.aao.org/Assets/d516d827-4aeb-42e5-9ab0-31d462abdf30/635579806229800000/table-1-ocularnutritionalsupplements-inpress-pdf?inline=1

2 2002 年的研究報告，Vegetable-borne lutein, lycopene, and beta-carotene compete for incorporation into chylomicrons, with no adverse effect on the medium-term (3-wk) plasma status of carotenoids in humans. https://www.ncbi.nlm.nih.gov/pubmed/11864859

3 2013 年的研究，Lutein + zeaxanthin and omega-3 fatty acids for age-related macular degeneration: the Age-Related Eye Disease Study 2 (AREDS2) randomized clinical trial. https://www.ncbi.nlm.nih.gov/pubmed/23644932

4 2018 年 9 月的報告，Solar Radiation Exposure and Outdoor Work: An Underestimated Occupational Risk，https://www.ncbi.nlm.nih.gov/pubmed/30241306

5 https://www.ener-chi.com/sunglasses-and-sunscreens-a-major-cause-of-cancer/

2-3 保健品業配文賞析三則

1 2018 年 10 月元氣網文章，藍螯蝦擷取靈感 NASA 選用的非晶鈣問市，「健」構骨本，https://health.udn.com/health/story/5999/3437111

2 2018 年 10 月元氣網文章，號外！非晶鈣上外太空！鈣片的革命性突破，榮獲美國 NASA 合作計畫，https://health.udn.com/health/story/5999/3396951

3 2011 年論文 Fractional calcium absorption is associated with nephrolithiasis in older women in the Study of Osteoporotic Fractures (SOF)，https://www.journalacs.org/article/S1072-7515(11)00765-4/abstract

4 關立固廠商宣稱三十二個所謂的臨床試驗網頁，http://www.powerofshea.com/clinical-studies

5 2011 年 3 月
民視新聞，https://www.youtube.com/watch?v=eMWVskaXHnU
中視新聞，https://www.youtube.com/watch?v=UT7hOiE6Pw8

6 2011 年 5 月，蘋果日報報導 https://tw.appledaily.com/headline/daily/20110519/33398004/

7 TVBS「綠藻排毒？毒水變清水實驗專家破解」https://news.tvbs.com.tw/other/64548

8 2016 年 11 月，TVBS 的「健康好生活」遭罰四十萬 https://www.ncc.gov.tw/chinese/files/17011/315_36841_170110_1.pdf
2016 年 12 月，華視的「生活好簡單」遭罰十五萬，https://www.ncc.gov.tw/chinese/files/17010/3672_36818_170103_1.pdf
2018 年 8 月，年代的「健康好自在」遭罰二十萬，https://www.ncc.gov.tw/chinese/

files/18090/3984_40439_180906_1.pdf

2-4 壯陽食補與藥物的風險

1 WebMD，有助勃起功能的十一種食物，Foods to Help Erectile Dysfunction，https://www.webmd.com/erectile-dysfunction/ss/slideshow-foods-erectile-dysfunction
2 台灣中醫藥資訊網，認清馬兜鈴酸、藥物毒性，以正確使用中藥，http://www.twtcm.com.tw/column_content_1.php?id=28
3 中藥副作用一覽表，http://tw.gigacircle.com/1423556-1

2-5 空汙危機的運動風險

1 2017 年 12 月，JAMA「短期暴露於空氣汙染與年長者死亡率之間的關聯」Association of Short-term Exposure to Air Pollution With Mortality in Older Adults，https://jamanetwork.com/journals/jama/article-abstract/2667069?utm_source=silverchair&utm_medium=email&utm_campaign=article_alert-jama&utm_content=etoc&utm_term=122617&redirect=true
2 2017 年 12 月《柳葉刀》(Lancet) Respiratory and cardiovascular responses to walking down a traffic-polluted road compared with walking in a traffic-free area in participants aged 60 years and older with chronic lung or heart disease and age-matched healthy controls: a randomised, crossover study，https://www.thelancet.com/pdfs/journals/lancet/PIIS0140-6736(17)32643-0.pdf
3 2015 年 5 月報告，通勤方式對台灣台北市青年人空氣汙染暴露及心血管健康的影響，Effects of commuting mode on air pollution exposure and cardiovascular health among young adults in Taipei, Taiwan，https://www.ncbi.nlm.nih.gov/pubmed/25638696
4 《蘋果日報》報導，空汙損心臟，走路族多七倍，https://tw.appledaily.com/headline/daily/20150303/36415123/
5 WHO 文章。Ambient air pollution: Health impacts，https://www.who.int/airpollution/ambient/health-impacts/en/

2-6 抗空汙食物，青花菜芽

1 元氣網「遠離空汙傷害，營養師教你吃這些蔬果」https://health.udn.com/health/story/6037/2215634
2 1997 年論文「青花菜芽：一個對抗化學致癌物的酶誘導劑異常豐富的來源」Broccoli sprouts: An exceptionally rich source of inducers of enzymes that protect against chemical

carcinogens，https://www.ncbi.nlm.nih.gov/pubmed/9294217

3 《紐約時報》「研究人員在青花菜芽中發現一種高濃度的抗癌物質」Researchers Find a Concentrated Anticancer Substance in Broccoli Sprouts，https://www.nytimes.com/1997/09/16/us/researchers-find-a-concentrated-anticancer-substance-in-broccoli-sprouts.html

4 2014 年 1 月加州大學洛杉磯分校，富含蘿蔔硫素的青花菜芽萃取物降低對柴油廢氣顆粒的鼻過敏反應，Sulforaphane-rich broccoli sprout extract attenuates nasal allergic response to diesel exhaust particles，https://www.ncbi.nlm.nih.gov/pubmed/24287881

5 2014 年 8 月論文，青花菜芽飲料對空氣汙染物的快速和可持續的解毒作用：在中國進行的一項隨機臨床試驗的結果，Rapid and sustainable detoxication of airborne pollutants by broccoli sprout beverage: results of a randomized clinical trial in China，https://www.ncbi.nlm.nih.gov/pubmed/24913818

6 2017 年 8 月，美國 FDA 文件「FY2014- 2016 年微生物採樣作業摘要報告：芽菜」2014–2016Microbiological Sampling Assignment Summary Report: Sprouts，https://www.fda.gov/downloads/Food/ComplianceEnforcement/Sampling/UCM566981.pdf?source=govdelivery&utm_medium=email&utm_source=govdelivery

7 Food Safety 網站，芽菜安全文章，Sprouts: What You Should Know，https://www.foodsafety.gov/keep/types/fruits/sprouts.html

2-7　銀杏的醫學功效，最新報告

1 2014 年報告，銀杏內酯的抗血小板作用，Anti-platelet effect of ginkgolide a from Ginkgo biloba，https://link.springer.com/article/10.1007/s13765-013-4275-2

2 2015 年報告，銀杏葉萃取物通過抑制 Akt 抑制血小板活化，Ginkgo biloba Extract Inhibits Platelet Activation via Inhibition of Akt，https://www.karger.com/Article/Pdf/381744

3 2010 年大型臨床調查，Does Ginkgo biloba reduce the risk of cardiovascular events? https://www.ncbi.nlm.nih.gov/pubmed/20123670

4 美國「國家補充和綜合健康中心」(National Center for Complementary and Integrative Health) 銀杏的醫療資訊，https://nccih.nih.gov/health/ginkgo/ataglance.htm

5 美國政府問責局，Memory supplements are already dubious, and some don’t even contain the right ingredients，https://qz.com/1466850/memory-supplements-are-already-dubious-and-some-dont-even-contain-the-right-ingredients/

6 港售 14 款銀杏葉丸不合標準，https://www.nutritionno1.com/article/art-g-news/html/nut-news-20001120a.htm

7 2012 年 10 月《柳葉刀神經學》長期標準化銀杏萃取物對於阿茲海默的預防：隨機安慰劑對照試驗，Long-term use of standardised Ginkgo biloba extract for the prevention of Alzheimer's disease (GuidAge): a randomised placebo-controlled trial，https://www.ncbi.nlm.nih.gov/pubmed/22959217

8 益普生新聞稿，Ipsen acknowledges Tanakan® delisting in France，https://www.ipsen.com/websites/Ipsen_Online/wp-content/uploads/2012/01/06182337/PR-Delisting-Tanakan-EN_0.pdf

9 哈佛大學「順帶一提，醫生：銀杏與失智」By the way, doctor: Ginkgo biloba and dementia，https://www.health.harvard.edu/newsletter_article/By-the-way-doctor-Ginkgo-biloba-and-dementia

10 阿茲海默病醫藥研發基金會，GINKGO BILOBA
Vitamins & Supplements Updated July 3, 2016，https://www.alzdiscovery.org/cognitive-vitality/ratings/ginkgo-biloba

11 梅友診所「銀杏：能防止失憶嗎？」Ginkgo biloba: Can it prevent memory loss? https://www.mayoclinic.org/diseases-conditions/alzheimers-disease/expert-answers/ginkgo-biloba-memory-loss/faq-20058119

12 2018 年 11 月，早安健康，銀杏增強記憶力？醫師、藥師破解銀杏防失智的迷思！ https://www.everydayhealth.com.tw/article/11275

2-8 缺鐵、憂鬱症與寂寞

1 Global, regional, and national trends in haemoglobin concentration and prevalence of total and severe anaemia in children and pregnant and non-pregnant women for 1995–2011: a systematic analysis of population-representative data，https://www.thelancet.com/action/showPdf?pii=S2214-109X%2813%2970001-9

2 2017 年的論文，Current misconceptions in diagnosis and management of iron deficiency. https://www.ncbi.nlm.nih.gov/pubmed/28880842

3 2011 年「日本市政僱員血清鐵蛋白濃度與憂鬱症狀的關係」Association between serum ferritin concentrations and depressive symptoms in Japanese municipal employees，https://www.ncbi.nlm.nih.gov/pubmed/21470691

4 2015 年「憂鬱症嚴重程度與重度憂鬱症患者缺鐵性貧血的關係」Relationship between severity of depression symptoms and iron deficiency anemia in women with major depressive disorder，https://journals.tbzmed.ac.ir/JARCM/Manuscript/JARCM-3-219.pdf

5 2016 年「中國成人血清鐵蛋白濃度與憂鬱症狀的關係：天津市慢性低度系統性炎症和健康

（TCLSIHealth）隊列研究的人群研究」Association between Serum Ferritin Concentrations and Depressive Symptoms among Chinese Adults: A Population Study from the Tianjin Chronic Low-Grade Systemic Inflammation and Health (TCLSIHealth) Cohort Study，https://journals.plos.org/plosone/article?id=10.1371/journal.pone.0162682

6 美國退休人士協會（AARP）2010 年調查，https://assets.aarp.org/rgcenter/general/loneliness_2010.pdf

7 2017 年 8 月，美國心理協會（APA）兩項有關「寂寞與健康」的大型分析：

一、https://www.webmd.com/healthy-aging/news/20170807/loneliness-epidemic-named-a-public-health-threat

二、https://consumer.healthday.com/mental-health-information-25/psychology-and-mental-health-news-566/loneliness-epidemic-called-a-major-public-health-threat-725347.html

2-9 鎂的吹捧與空腹不能吃的食物

1 美國的國家健康研究院「膳食補充劑辦公室」，有關鎂的資料，https://ods.od.nih.gov/factsheets/Magnesium-HealthProfessional/

Part 3
特殊療法，不要輕信

3-1 無麩質飲食，炒作無上限

1 2004 年研究，乳糜瀉成年人的過敏機率，Allergy prevalence in adult celiac disease. https://www.ncbi.nlm.nih.gov/pubmed/15208605

2 2011 年研究，無麩質食物效用有限但價格高昂，Limited availability and higher cost of gluten-free foods. https://www.ncbi.nlm.nih.gov/pubmed/21605198

3 2015 年 6 月，穀物腦醫生大衛．博瑪特的問題，The Problem With David Perlmutter, the Grain Brain Doctor，https://www.thecut.com/2015/06/problem-with-the-grain-brain-doctor.html

4 2018 年論文，對非乳糜瀉患者無麩質飲食的回顧：信仰、真理、優點和缺點，A review of the gluten-free diet in non-celiac patients: beliefs, truths, advantages and disadvantages，https://www.ncbi.nlm.nih.gov/pubmed/30545212

5 2018 年論文，無麩質飲食更營養嗎？評估自選和推薦的無麩質和含麩質膳食模式，Are

Gluten-Free Diets More Nutritious? An Evaluation of Self-Selected and Recommended Gluten-Free and Gluten-Containing Dietary Patterns，https://www.ncbi.nlm.nih.gov/pubmed/30513876

3-2 法國悖論，仍無定論

1 1987 年論文「心臟風險因素。法國悖論」Coronary risk factors. The French paradox，https://www.ncbi.nlm.nih.gov/pubmed/3113393

2 1992 年《柳葉刀》「酒、酒精、血小板，法國悖論與冠狀動脈心臟疾病」Wine, alcohol, platelets, and the French paradox for coronary heart disease，https://www.ncbi.nlm.nih.gov/pubmed/1351198

3 1993 論文「紅酒中酚類物質對 LDL 氧化的抑制：法國悖論的線索？」Inhibition of LDL oxidation by phenolic substances in red wine: a clue to the French paradox?，https://www.ncbi.nlm.nih.gov/pubmed/8371849

4 1999 年三篇論文

一、Cardioprotection of red wine: role of polyphenolic antioxidants，https://www.ncbi.nlm.nih.gov/pubmed/10370873

二、Effect of resveratrol and some other natural compounds on tyrosine kinase activity and on cytolysis，https://www.ncbi.nlm.nih.gov/pubmed/10370868

三、Resveratrol increases nitric oxide synthase, induces accumulation of p53 and p21(WAF1/CIP1), and suppresses cultured bovine pulmonary artery endothelial cell proliferation by perturbing progression through S and G2，https://www.ncbi.nlm.nih.gov/pubmed/10363980

5 1999 年，Why heart disease mortality is low in France: the time lag explanation，https://www.ncbi.nlm.nih.gov/pmc/articles/PMC1115846/pdf/1471.pdf

6 2002 年 Mediterranean diet and the French paradox: Two distinct biogeographic concepts for one consolidated scientific theory on the role of nutrition in coronary heart disease，https://academic.oup.com/cardiovascres/article/54/3/503/269769；

2019 年：French and Mediterranean-style diets: Contradictions, misconceptions and scientific facts-A review，https://www.ncbi.nlm.nih.gov/pubmed/30717015

7 2018 年 1 月 WHO 網站「健康飲食」Healthy diet，https://www.who.int/news-room/fact-sheets/detail/healthy-diet

8 2015 年 11 月論文，https://www.ncbi.nlm.nih.gov/pubmed/26607942

9 2015 年 9 月論文，https://www.ncbi.nlm.nih.gov/pubmed/26362286

10 2015 年 9 月論文，https://www.ncbi.nlm.nih.gov/pubmed/26344014

11 2015 年 11 月論文，https://www.ncbi.nlm.nih.gov/pubmed/26234526
12 2015 年 5 月論文，https://www.ncbi.nlm.nih.gov/pubmed/26002728
13 2015 年 9 月論文，https://www.ncbi.nlm.nih.gov/pubmed/25939591
14 2015 年 3 月論文，https://www.ncbi.nlm.nih.gov/pubmed/25790328
15 2015 年 3 月論文，https://www.ncbi.nlm.nih.gov/pubmed/25577300

3-3 呼吸養生法，有真也有假

1 2014 年「自願激活交感神經系統和減弱人類的先天免疫反應」Voluntary activation of the sympathetic nervous system and attenuation of the innate immune response in humans，https://www.pnas.org/content/111/20/7379.full
2 2018 年綜述論文，Breath of Life: The Respiratory Vagal Stimulation Model of Contemplative Activity，https://www.ncbi.nlm.nih.gov/pmc/articles/PMC6189422/
3 2018 年論文，Do elite breath-hold divers suffer from mild short-term memory impairments? https://www.ncbi.nlm.nih.gov/pubmed/29053942
4 2017 年論文，The association of kidney function with repetitive breath-hold diving activities of female divers from Korea, Haenyeo，https://www.ncbi.nlm.nih.gov/pubmed/28228118
5 2016 年論文，Blood biomarkers indicate mild neuroaxonal injury and increased amyloid β production after transient hypoxia during breath-hold diving. https://www.ncbi.nlm.nih.gov/pubmed/27389622
6 2012 年論文，Prevalence of acute respiratory symptoms in breath-hold divers，https://www.ncbi.nlm.nih.gov/pubmed/22908840
7 2009 年論文，Increased serum levels of the brain damage marker S100B after apnea in trained breath-hold divers: a study including respiratory and cardiovascular observations，https://www.ncbi.nlm.nih.gov/pubmed/19574501

3-4 一位生酮醫師之死

1 2004 年 TVBS 新聞「大腸水療 DIY 可清五臟六腑」https://news.tvbs.com.tw/other/466159
2 2006 年 TVBS 新聞，遊走法律！ DIY 水療機直銷會直擊 https://news.tvbs.com.tw/fun/349999
3 TVBS 在 2006 年 9 月新聞「大腸水療導致結腸破，六旬老婦亡」https://news.tvbs.com.tw/warm/350071
4 2011 年《家醫科期刊》(Journal of Family Practice) 大腸清洗的危險性，The dangers of colon cleansing，https://www.mdedge.com/familymedicine/article/64413/gastroenterology/dangers-colon-cleansing

3-5 生酮逆轉二型糖尿病的迷思

1 Youtube 影片，2015 年 5 月 4 號「逆轉二型糖尿病，始於不要理會指南」Reversing Type 2 diabetes starts with ignoring the guidelines | Sarah Hallberg | TEDxPurdueU，https://www.youtube.com/watch?v=da1vvigy5tQ

2 莎拉・哈爾伯格學經歷，https://iuhealth.org/find-providers/provider/sarah-j-hallberg-do-6498

3 2009 年的研究，Comparative Study of the Effects of a 1-Year Dietary Intervention of a Low-Carbohydrate Diet Versus a Low-Fat Diet on Weight and Glycemic Control in Type 2 Diabetes，http://care.diabetesjournals.org/content/32/7/1147

4 2016 年的報告，Influence of dietary fat and carbohydrates proportions on plasma lipids, glucose control and low-grade inflammation in patients with type 2 diabetes-The TOSCA.IT Study. https://www.ncbi.nlm.nih.gov/pubmed/26303195

5 2018 年 4 月期刊《糖尿病療法》Diabetes Therapy，Effectiveness and Safety of a Novel Care Model for the Management of Type 2 Diabetes at 1 Year: An Open-Label, Non-Randomized, Controlled Study，https://doi.org/10.1007/s13300-018-0373-9

3-6 補充劑可預防感冒的神話

1 2017 年論文，https://www.ncbi.nlm.nih.gov/pubmed/28390010

2 2017 年 2 月論文「補充維他命 D 以預防急性呼吸道感染：對個別參與者數據進行系統評價和薈萃分析」Vitamin D supplementation to prevent acute respiratory tract infections: systematic review and meta-analysis of individual participant data，https://www.ncbi.nlm.nih.gov/books/NBK536320/

3 2010 年論文，維他命 D 補充劑對於預防 A 型流感的隨機測試，Randomized trial of vitamin D supplementation to prevent seasonal influenza A in schoolchildren，https://www.ncbi.nlm.nih.gov/pubmed/20219962

4 2014 年論文，維他命 D 補充劑對於 2009 年 H1N1 流感大流行期間 A 型流感的總體發病率的效果：隨機控制測試，Effects of vitamin D supplements on influenza A illness during the 2009 H1N1 pandemic: a randomized controlled trial，https://www.ncbi.nlm.nih.gov/pubmed/25088394

5 編輯評論，維他命 D 補充劑有助於預防呼吸道感染嗎？ Do vitamin D supplements help prevent respiratory tract infections? https://www.bmj.com/content/356/bmj.j456

6 「萊納斯・鮑林如何誆騙美國相信維他命 C 治療感冒」How Linus Pauling duped America into believing vitamin C cures colds，https://www.vox.com/2015/1/15/7547741/vitamin-c-myth-pauling

7 2016 月 7 月 28 日《英國臨床藥理學期刊》電子版報告，https://www.ncbi.nlm.nih.gov/pubmed/27378206

8 鋅治感冒？我不要，Zinc for the common cold? Not for me，https://www.health.harvard.edu/blog/zinc-for-the-common-cold-not-for-me-201102171498

9 鋅治感冒：肯定？Zinc for Colds: The final word? https://www.mayoclinic.org/diseases-conditions/common-cold/expert-answers/zinc-for-colds/faq-20057769

10 六個不要用鋅治感冒的理由，6 Reasons Not to Take Zinc for Your Cold. https://www.consumerreports.org/vitamins-supplements/6-reasons-not-to-take-zinc-for-your-cold/

3-7 維他命 C 抗癌與正分子醫學騙局

1 美國國立癌症研究院的高劑量維他命 C 資料，High-Dose Vitamin C (PDQ®)–Health Professional Version，https://www.cancer.gov/about-cancer/treatment/cam/hp/vitamin-c-pdq

2 斯隆凱特琳癌症紀念中心的維他命 C 資料，https://www.mskcc.org/cancer-care/integrative-medicine/herbs/vitamin-c

3 英國癌症研究，維他命 C 治療治療癌症：當前證據（Vitamin C as a treatment for cancer: the evidence so far，https://scienceblog.cancerresearchuk.org/2018/04/25/vitamin-c-as-a-treatment-for-cancer-the-evidence-so-far/

4 參考資料：

一、Quackwatch 正分子療法文章，Orthomolecular Therapy，https://www.quackwatch.org/01QuackeryRelatedTopics/ortho.html

二、正分子療法；從德國到澳州的癌症騙局，Orthomolecular Therapy；Cancer quackery from Germany to Australia，https://sciencebasedmedicine.org/cancer-quackery-from-germany-to-australia/

三、正分子醫學或療法，orthomolecular medicine or therapy，http://skepdic.com/orthomolecular.html

四、正分子醫學一大嘴巴、小證據、真風險（Orthomolecular Medicine- Big Talk, Little Evidence, Real Risk，http://skeptvet.com/Blog/2009/08/orthomolecular-medicine-big-talk-little-evidence-real-risk/

五、正分子醫學，Orthomolecular medicine，https://en.wikipedia.org/wiki/Orthomolecular_medicine

3-8 白鳳菜、尼基羅草，救命仙草的吹捧

1 台灣野生植物資料庫的白鳳菜介紹，http://plant.tesri.gov.tw/plant100/WebPlantDetail.

aspx?tno=539055091

2 百度百科，白背三七，https://baike.baidu.com/item/%E7%99%BD%E8%83%8C%E4%B8%89%E4%B8%83/2091897

3 GYNURA DIVARICATA 綜述論文，BIOACTIVE COMPONENTS OF GYNURA DIVARICATA AND ITS POTENTIAL USE IN HEALTH, FOOD AND MEDICINE: A MINI-REVIEW. https://www.ncbi.nlm.nih.gov/pubmed/28480422

4 2009 年報告，The anti-hyperglycemic effect of plants in genus Gynura Cass. https://www.ncbi.nlm.nih.gov/pubmed/19885955

5 2018 年實驗報告，Gynura divaricata attenuates tumor growth and tumor relapse after cisplatin therapy in HCC xenograft model through suppression of cancer stem cell growth and Wnt/β-catenin signalling. https://www.ncbi.nlm.nih.gov/pubmed/28729225

6 2015 年實驗報告，Gynura procumbens Reverses Acute and Chronic Ethanol-Induced Liver Steatosis through MAPK/SREBP-1c-Dependent and -Independent Pathways. https://www.ncbi.nlm.nih.gov/pubmed/26345299

7 2016 年實驗報告，Gynura procumbens Extract Alleviates Postprandial Hyperglycemia in Diabetic Mice. https://www.ncbi.nlm.nih.gov/pubmed/27752493

3-9 結石謠言大調查（上）

1 2002 年論文，鈣腎結石：水硬度對尿液電解質的影響，Calcium nephrolithiasis: effect of water hardness on urinary electrolytes，https://www.ncbi.nlm.nih.gov/pubmed/12100915

2 2012 年論文，老年女性鈣攝入量和腸鈣吸收對腎結石的影響：骨質疏鬆性骨折的研究，Impact of calcium intake and intestinal calcium absorption on kidney stones in older women: the study of osteoporotic fractures，https://www.ncbi.nlm.nih.gov/pubmed/22341269

3 加拿大泌尿協會的文件，http://www.cua.org/themes/web/assets/files/patient_info/en/pib_2035e-kidney_20stone.pdf

4 美國城市的文件
http://www.goodyearaz.gov/home/showdocument?id=1628

5 1981 年論文，進食頻率和過夜禁食時間長度：會造成膽結石嗎？ Meal frequency and duration of overnight fast: a role in gall-stone formation? https://www.ncbi.nlm.nih.gov/pmc/articles/PMC1507619/pdf/bmjcred00687-0019a.pdf

6 1998 年報告，在義大利的飲食和膽結石：MICOL 的橫斷性結果（Diet and gallstones in Italy: the cross-sectional MICOL results，https://www.ncbi.nlm.nih.gov/pubmed/9620318

7 2006 年研究報告，季節和齋月禁食對急性膽囊炎發作的影響，The effect of season and

Ramadan fasting on the onset of acute cholecystitis，https://www.ncbi.nlm.nih.gov/pubmed/16598328

3-10 結石謠言大調查（下）

1 元氣網，無糖茶當水喝為健康？當心提升腎結石風險，https://health.udn.com/health/story/5975/2771484

2 1996 年論文，Prospective study of beverage use and the risk of kidney stones，https://www.ncbi.nlm.nih.gov/pubmed/8561157

3 1998 年論文，Beverage use and risk for kidney stones in women，https://www.ncbi.nlm.nih.gov/pubmed/9518397

4 2005 年論文，Preventive effects of green tea on renal stone formation and the role of oxidative stress in nephrolithiasis，https://www.ncbi.nlm.nih.gov/pubmed/15592095

5 2005 年論文，A twin study of genetic and dietary influences on nephrolithiasis: a report from the Vietnam Era Twin (VET) Registry，https://www.ncbi.nlm.nih.gov/pubmed/15698445

6 2006 年論文，Effects of green tea on urinary stone formation: an in vivo and in vitro study，https://www.ncbi.nlm.nih.gov/pubmed/16724910

7 2013 年論文，Soda and other beverages and the risk of kidney stones，https://www.ncbi.nlm.nih.gov/pubmed/23676355

8 2015 年論文 Self-Fluid Management in Prevention of Kidney Stones: A PRISMA-Compliant Systematic Review and Dose-Response Meta-Analysis of Observational Studies，https://www.ncbi.nlm.nih.gov/pubmed/26166074

9 2017 年的論文，Tea Consumption is Associated with Increased Risk of Kidney Stones in Northern Chinese: A Cross-sectional Study，https://www.ncbi.nlm.nih.gov/pubmed/29335063

10 2017 年的論文，Prevalence of kidney stones in China: an ultrasonography based cross-sectional study，https://www.ncbi.nlm.nih.gov/pubmed/28236332

11 2019 年的論文，Green tea intake and risk of incident kidney stones: Prospective cohort studies in middle-aged and elderly Chinese individuals，https://www.ncbi.nlm.nih.gov/pubmed/30408844

12 2019 年的論文，Daily Green Tea Infusions in Hypercalciuric Renal Stone Patients: No Evidence for Increased Stone Risk Factors or Oxalate-Dependent Stones，https://www.ncbi.nlm.nih.gov/pubmed/30678344

13 哈佛大學網站 2007 年，順帶一提，醫生：我是否該戒除喝茶來避免腎結石？ By the way, doctor: Should I quit drinking tea to avoid getting kidney stones? https://www.health.harvard.edu/newsletter_article/By_the_way_doctor_Should_I_quit_drinking_tea_to_avoid_getting_

kidney_stones

14 安德烈・莫瑞茲的臉書，https://www.facebook.com/enerchi.wellness/

15 安德烈・莫瑞茲的太陽眼鏡和防曬油文章 Sunglasses and Sunscreens – A Major Cause of Cancer；https://www.youtube.com/watch?v=KKD5ywgdNT0

16 更多安德烈・莫瑞茲騙局的參考資料

一、Andreas Moritz is a cancer quack，https://scienceblogs.com/pharyngula/2010/02/18/andreas-moritz-is-a-cancer-qua

二、Andreas Moritz – Psiram，https://www.psiram.com/en/index.php/Andreas_Moritz

三、Andreas Moritz and trying to shut down valid scientific criticism: A sine qua non of a quack，https://scienceblogs.com/insolence/2010/02/19/andreas-moritz-legal-intimidation-in-the

四、The Truth about Gallbladder and Liver "Flushes"，https://www.quackwatch.org/01QuackeryRelatedTopics/flushes.html

五、蘋果日報新聞，踢爆肝膽排毒騙局，皂化石誆毒素，記者狂瀉掛急診，https://tw.appledaily.com/headline/daily/20130128/34799266

3-11 早餐，重要還是危險

1 Adelle Davis 的商品網站，http://www.adelledavis.org/

2 1982 年臨床試驗，Breakfast and performance in schoolchildren，https://www.cambridge.org/core/journals/british-journal-of-nutrition/article/breakfast-and-performance-in-schoolchildren/66186D9A3BC1A50578D592D049D84733

3 Is breakfast actually bad for you? https://www.telegraph.co.uk/health-fitness/body/breakfast-actually-bad/

3-12 水的謠言，無所遁形

1 1983 年論文「消化性潰瘍的新型自然療法」A new and natural method of treatment of peptic ulcer disease，https://www.ncbi.nlm.nih.gov/pubmed/6863877

2 1987 年論文，疼痛：需要改變典範，Pain: a need for paradigm change，https://www.ncbi.nlm.nih.gov/pubmed/2829704

3 巴特曼醫生的幼稚「水療法」筆記要點，更新日期 2004-11-20，Some Notes on Dr. Batmanghelidj's Silly "Water Cure"，https://www.quackwatch.org/11Ind/batman.html

4 水療法：自我欺騙和「孤獨天才」又一例，The Water Cure: Another Example of Self Deception and the "Lone Genius"，https://sciencebasedmedicine.org/the-water-cure-

another-example-of-self-deception-and-the-lone-genius/

5 《自然》科學期刊，為什麼在晚上身體不會渴，Why the body isn't thirsty at night，https://www.nature.com/news/2010/100228/full/news.2010.95.html

Part 4
食材謠言追追追

4-1 木瓜謠言大集合

1 2003 年的研究，Tocolytic and toxic activity of papaya seed extract on isolated rat uterus. Tocolytic and toxic activity of papaya seed extract on isolated rat uterus. https://www.ncbi.nlm.nih.gov/pubmed/14623029

2 2010 年研究，Safety evaluation of long term oral treatment of methanol sub-fraction of the seeds of Carica papaya as a male contraceptive in albino rats. https://www.ncbi.nlm.nih.gov/pubmed/19914367

3 2015 年的綜述論文，輻射和生物降解技術，用於解毒木瓜籽油，使之成為有效的膳食和工業用途，Radiations and biodegradation techniques for detoxifying Carica papaya seed oil for effective dietary and industrial use，https://www.ncbi.nlm.nih.gov/pmc/articles/PMC4573161/

4 2016 年報導，「含毒素可導致死亡，木瓜葉不宜治骨痛熱」，https://bit.ly/2GCSXdk

5 2016 年報導「政府表示木瓜葉汁對於登革熱病患是安全的」Papaya leaf juice safe for dengue patients, says govt，https://www.freemalaysiatoday.com/category/nation/2016/01/30/papaya-leaf-juice-safe-for-dengue-patients-says-govt/

6 影片「我們能用吃來餓死癌嗎？」Can we eat to starve cancer? https://m.youtube.com/watch?v=hYfuzYOj1Is

7 2013 年 4 月 TVBS 新聞報導「男大生罹乳癌！醫疑豆漿當水喝過量」，https://news.tvbs.com.tw/local/205392

8 2008 年論文，Epidemiology of soy exposures and breast cancer risk，https://www.ncbi.nlm.nih.gov/pubmed/18182974

9 2009 年的論文，Soy Food Intake and Breast Cancer Survival，https://jamanetwork.com/journals/jama/fullarticle/185034

10 2012 年的論文，Soy food intake after diagnosis of breast cancer and survival: an in-depth analysis of combined evidence from cohort studies of US and Chinese women，https://www.ncbi.nlm.nih.gov/pubmed/22648714

11 2013年的論文，Dietary intake and breast cancer among carriers and noncarriers of BRCA mutations in the Korean Hereditary Breast Cancer Study，https://www.ncbi.nlm.nih.gov/pubmed/24153343

12 2016年的論文，Consensus: soy isoflavones as a first-line approach to the treatment of menopausal vasomotor complaints，https://www.ncbi.nlm.nih.gov/pubmed/26943176

4-2 勾芡、太白粉與修飾澱粉有害傳言

1 阿基師的忠告：亂吃東西中年以後會很痛苦 http://blog.udn.com/mobile/paulhsu333/15150049

2 「勾芡有害」的說法，http://forum.frontier.org.tw/women/viewtopic.php?topic=437&forum=7&4

3 2010年2月4日的華視新聞，熱量高負擔大，勾芡少吃為妙，http://news.cts.com.tw/cts/life/201002/201002040404425.html#.WR4K9ZLythE

4 2014年台灣食藥署報告「馬來酸酐化製澱粉在食品中的汙染」，Contamination of Maleic Anhydride Modified Starch in Food，http://mddb.apec.org/Documents/2014/SCSC/WKSP/14_scsc_wksp_011.pdf

4-3 增筋劑的安全分析

1 美國食品藥物管理局對於增筋劑（ADA）的標示規範，https://www.fda.gov/Food/IngredientsPackagingLabeling/FoodAdditivesIngredients/ucm387497.htm

2 台灣食品藥物管理署對於增筋劑（ADA）的規定，https://www.fda.gov.tw/upload/133/Content/2013090217545181938.pdf

3 國際食品添加物代碼927a做為標示，https://kknews.cc/health/a3oagn.html

4 The Reaction Mechanism of Azodicarbonamide in Dough，http://www.aaccnet.org/publications/cc/backissues/1963/documents/chem40_638.pdf

4-4 蕨菜與過貓致癌查證

1 1965年報告，蕨菜的致癌性，Carcinogenic activity of bracken. https://www.ncbi.nlm.nih.gov/pubmed/5870118

2 台灣行政院農業委員會，吃「過貓」蕨菜會致癌？ https://www.coa.gov.tw/faq/faq_view.php?id=7&print=Y

3 2006年報告 http://www.iisc.ernet.in/currsci/dec102006/1547.pdf

4 2012年報告，https://www.currentscience.ac.in/Volumes/102/12/1683.pdf

5 2016年，印度團隊報告，https://www.ncbi.nlm.nih.gov/pubmed/27308970

4-5 再談可可效用與阿茲海默的預防

1 2014 年臨床研究論文，Enhancing dentate gyrus function with dietary flavanols improves cognition in older adults. https://www.ncbi.nlm.nih.gov/pubmed/25344629

2 2017 年 5 月綜述論文「用可可類黃酮增強人的認知功能」Enhancing Human Cognition with Cocoa Flavonoids，https://www.frontiersin.org/articles/10.3389/fnut.2017.00019/full

3 2019 年 2 月 27 Alzheimersweekly 文章「黑巧克力提升記憶力」Dark Chocolate Boosts Memory，http://www.alzheimersweekly.com/2018/05/dark-chocolate-boosts-memory.html

4 「黑巧克力（70%可可）影響人類基因表達：可可調節細胞免疫反應，神經信號和感官知覺」Dark Chocolate (70% Cacao) Effects Human Gene Expression: Cacao Regulates Cellular Immune Response, Neural Signaling, and Sensory Perception，https://www.fasebj.org/doi/10.1096/fasebj.2018.32.1_supplement.755.1

5 黑巧克力（70%有機可可）增加急性和慢性腦電功率譜密度（μv2）伽瑪頻率（25-40Hz）對腦健康的反應：增強神經可塑性、神經同步、認知處理、學習、記憶、回憶和正念冥想」Dark Chocolate (70% Organic Cacao) Increases Acute and Chronic EEG Power Spectral Density (μv2) Response of Gamma Frequency (25-40Hz) for Brain Health: Enhancement of Neuroplasticity, Neural Synchrony, Cognitive Processing, Learning, Memory, Recall, and Mindfulness Meditation，https://www.fasebj.org/doi/10.1096/fasebj.2018.32.1_supplement.878.10

4-6 山藥滋陰的真相

1 山藥還是蕃薯？ http://farmersalmanac.com/food/2014/11/17/yam-or-sweet-potato/

2 https://www.britannica.com/science/steroid

3 梅友診所，http://www.mayoclinic.org/drugs-supplements/dhea/background/hrb-20059173

4 Advances in the pharmacological activities and mechanisms of diosgenin，https://www.sciencedirect.com/science/article/pii/S1875536415300534

5 Estrogenic effect of yam ingestion in healthy postmenopausal women. https://www.ncbi.nlm.nih.gov/pubmed/16093400

6 https://medlineplus.gov/druginfo/natural/970.html

7 「全天然」（All-Natural）網站，http://all-natural.com/womens-health/estrog-1/

8 「新子中心」（New Kids Center）網站，https://www.newkidscenter.com/how-to-increase-progesterone.html

4-7 毒物與劑量的重要性

1 2013 年 11 月東森新聞「專家倒吸一口氣，我的天呀。周刊爆泡麵含砷、鉛、汞、銅？」

https://youtu.be/rGWMWd426qs
2 人參的毒性，一種草藥和膳食補充劑，Toxicity of Panax Genseng–An Herbal Medicine and Dietary Supplement，PDF 檔案下載
3 台灣夢幻星空飲品（蝶豆花）配方做法，https://kknews.cc/food/lznq4jz.html?fbclid=IwAR11Ytbz3dxDXMIbn4jlYxudCMxbJfzCAK6kBAuP5p-14pRnGy9-KIS0Wr4
4 2014 年發表的論文，Antioxidant activity and protective effect of Clitoria ternatea flower extract on testicular damage induced by ketoconazole in rats，https://www.ncbi.nlm.nih.gov/pubmed/24903992
5 2018 年發表的論文，Acute effect of Clitoria ternatea flower beverage on glycemic response and antioxidant capacity in healthy subjects: a randomized crossover trial，https://www.ncbi.nlm.nih.gov/pubmed/29310631
6 2018 年 5 月論文「一位年長婦人急性水中毒，儘管所喝的水量相對地小」Acute water intoxication in an older woman despite a relatively small amount of water loading，https://www.ncbi.nlm.nih.gov/pubmed/29722162
7 2018 年 5 月的新聞「熱死了！一天二十七人就醫，一環島客衰竭不治」https://udn.com/news/story/11311/3167663
8 2007 年論文「水中毒和熱浪」Water intoxication and the heat wave，https://www.ncbi.nlm.nih.gov/pmc/articles/PMC2083168/

4-8 一片起司，磷就破表？

1 2018 年 3 月「民視異言堂」起司「鈣」健康？ https://youtu.be/F4T9iF9CxcM
2 乳製品協會「乳製品營養組成」The Nutritional Composition of Dairy products，http://ilrestoealtrove.altervista.org/wp-content/uploads/2013/05/Composition_of_Dairy.pdf

Part 5
新科技與新問題

5-1 氫水、低氘水、氧化還原水的偽科學

1 2019 年 2 月 28 日《蘋果日報》「標榜花一點二萬可喝真氫水挨批騙民眾，太和工房發聲明將提告」https://tw.appledaily.com/new/realtime/20190228/1525419/
2 2007 年的論文，「氫通過選擇性地減少細胞毒性氧自由基而充當治療性抗氧化劑」Hydrogen

acts as a therapeutic antioxidant by selectively reducing cytotoxic oxygen radicals，https://www.ncbi.nlm.nih.gov/pubmed/17486089?fbclid=IwAR3HpeppyITERvuDMpDESaCowKEYN3IJNWiL04Hem7R2PJFSMOpsWwHO17E

3 2016年5月「日本醫科大學的太田成男教授的主張有明顯錯誤」https://www.sankei.com/life/news/160524/lif1605240013-n1.html

4 大紀元「水素水」只是普通水？日本調查引關注」http://www.epochtimes.com/b5/16/12/19/n8606683.htm

5 屁的化學成分，https://www.thoughtco.com/chemical-composition-of-farts-608409

6 1993年論文「天然存在的氘是對細胞正常生長速率重要的」Naturally occurring deuterium is essential for the normal growth rate of cells，https://www.ncbi.nlm.nih.gov/pubmed/8428617

7 2013年論文「低氘水對肺癌患者存活率及小鼠Kras、Bcl2和Myc基因表達的影響」Deuterium depleted water effects on survival of lung cancer patients and expression of Kras, Bcl2, and Myc genes in mouse lung，https://www.ncbi.nlm.nih.gov/pubmed/23441611

8 2013年臨床試驗「ASEA對人體能量消耗和脂肪氧化的影響」Effect of ASEA on Energy Expenditure and Fat Oxidation in Humans，https://clinicaltrials.gov/ct2/show/results/NCT01884727?view=results

9 ASEA公司的產品網頁，「氧化還原信號背後的科學」Science Behind Redox Signaling，https://www.redoxsignalingwater.com/Science/redox-signaling

10 科學基礎藥物（Science-Based Medicine）網站揭發ASEA產品的文章

一、2012年8月 ASEA: Another Expensive Way to Buy Water，https://sciencebasedmedicine.org/asea-another-expensive-way-to-buy-water/

二、2012-11月 Fan Mail from an ASEA Supporter，https://sciencebasedmedicine.org/fan-mail-from-an-asea-supporter/

三、2014年3月 Accused of Lying about ASEA: Not Guilty，https://sciencebasedmedicine.org/accused-of-lying-about-asea-not-guilty/

四、2015年7月 ASEA, ORMUS, and Alchemy，https://sciencebasedmedicine.org/asea-ormus-and-alchemy/

五、2017年11月 ASEA – Still Selling Snake Oil，https://sciencebasedmedicine.org/asea-still-selling-snake-oil/

六、2017年11月 Update on ASEA, Protandim, and d TERRA，https://sciencebasedmedicine.org/update-on-asea-protandim-and-doterra/

5-2 大小分子水的垃圾科學

1 「美鳳有約，喝水學問大，水該怎麼喝？」影片連結 https://binged.it/2UJYT80

2 史蒂芬·羅爾（Stephen Lower）水團騙術：結構改造水的垃圾科學，Water Cluster Quackery：The junk science of structure-altered waters

5-3 新型汙染，塑膠微粒 Q&A

1 2017 年論文「塑膠微粒汙染的解決方案－採用先進的廢水處理技術去除廢水中的塑膠微粒」Solutions to microplastic pollution–Removal of microplastics from wastewater effluent with advanced wastewater treatment technologies，https://www.ncbi.nlm.nih.gov/pubmed/28686942

2 商業網站中關於去除飲水中塑膠微粒的資訊

一、https://tappwater.co/en/how-to-filter-and-remove-microplastics/

二、https://www.prnewswire.com/news-releases/lifestraw-filters-remove-99-999-of-microplastics-from-drinking-water-in-independent-lab-testing-300633254.html

三、https://www.uswatersystems.com/blog/2017/12/removing-microplastics-from-your-tap-water/

四、https://www.biome.com.au/blog/remove-microplastics-tap-water/

3 2018 年 2 月報告「空氣中的塑膠微粒：我們是否正在把它吸入？」Microplastics in air: Are we breathing it in? https://www.sciencedirect.com/science/article/pii/S2468584417300119

5-5 大麻的藥用和娛樂價值

1 2014 年，內源性大麻素的綜述論文，Endocannabinoids, Related Compounds and Their Metabolic Routes，https://www.ncbi.nlm.nih.gov/pubmed/25347455

2 https://www.scientificamerican.com/article/link-between-adolescent-pot-smoking-and-psychosis-strengthens/

3 2017 年論文，大麻使用對心血管和腦血管死亡率的影響：一項使用國家健康和營養調查與死亡率相關文件的研究，Effect of marijuana use on cardiovascular and cerebrovascular mortality: A study using the National Health and Nutrition Examination Survey linked mortality file，https://www.ncbi.nlm.nih.gov/pubmed/28789567

4 2017 年論文，平常大麻使用與成人心理健康結果之間的關聯，The association between regular marijuana use and adult mental health outcomes，https://www.ncbi.nlm.nih.gov/pubmed/28763778

5 2016 年論文，大麻使用和心血管疾病，Marijuana Use and Cardiovascular Disease，https://www.ncbi.nlm.nih.gov/pubmed/26886465

6 2016 年論文，大麻使用和精神障礙風險：來自美國國家縱向研究的前瞻性證據，Cannabis

Use and Risk of Psychiatric Disorders: Prospective Evidence From a US National Longitudinal Study，https://www.ncbi.nlm.nih.gov/pubmed/26886046
7 2016 年論文，娛樂大麻的使用和急性缺血性中風：一個基於在美國住院病患人口的分析，Recreational marijuana use and acute ischemic stroke: A population-based analysis of hospitalized patients in the United States，https://www.ncbi.nlm.nih.gov/pubmed/26874461
8 2015 年論文，大麻、植物大麻素、內源性大麻素系統和男性生育力，Marijuana, phytocannabinoids, the endocannabinoid system, and male fertility，https://www.ncbi.nlm.nih.gov/pubmed/26277482

5-6 電蚊香安全性與防蚊意識

1 2008 年研究「慢性接觸基於擬除蟲菊酯的丙烯菊酯和丙炔菊酯驅蚊劑改變血漿生化特徵」Chronic exposure to pyrethroid-based allethrin and prallethrin mosquito repellents alters plasma biochemical profile，https://www.ncbi.nlm.nih.gov/pubmed/18657844
2 2013 研究「吸入式電子驅蚊液對大鼠的毒理學影響：血液學，細胞因子指數，氧化應激和腫瘤標誌物」Toxicological impact of inhaled electric mosquito-repellent liquid on the rat: a hematological, cytokine indications, oxidative stress and tumor markers，https://www.tandfonline.com/doi/abs/10.3109/08958378.2013.781251?src=recsys&journalCode=iiht20&

5-7 不鏽鋼保溫杯與鐵鍋傳言

1 2017 年 1 月「在不銹鋼水瓶中發現有毒的鉛含量。您或您的孩子是否使用這些水瓶？」Toxic levels of lead found in stainless steel water bottles. Are you, or your child, using these water bottles?，https://thenaturalbabymama.com/baby/toxic-levels-of-lead-found-in-stainless-steel-water-bottles-are-you-or-your-child-using-these-water-bottles/
2 「為什麼我們從不銹鋼換到玻璃水瓶」Why We Switched From Stainless Steel to Glass Water Bottles，https://www.happy-mothering.com/02/household/why-were-switching-from-stainless-steel-to-glass-water-bottles/
3 1994 年研究「從不銹鋼器皿中滲出重金屬（鉻、鐵和鎳）到食品模擬物和食品材料中」Leaching of heavy metals (Cr, Fe, and Ni) from stainless steel utensils in food simulants and food materials，https://www.ncbi.nlm.nih.gov/pubmed/8086709
4 鉻，人體重要的營養素，Chromium as an essential nutrient for humans，https://www.ncbi.nlm.nih.gov/pubmed/9380836
5 2009 論文，「飲食中的鎳是全身性接觸性皮膚炎的誘因」Dietary Nickel as a Cause of Systemic Contact Dermatitis，https://www.ncbi.nlm.nih.gov/pmc/articles/PMC2923958/

6 1986 論文「用鐵餐具烹調的食物鐵質狀態」Iron content of food cooked in iron utensils，https://www.ncbi.nlm.nih.gov/pubmed/3722654

7 1991 年論文「食物裡的鐵質：持續使用鐵鍋的效應」，Iron in Food: Effect of Continued Use of Iron Cookware，https://onlinelibrary.wiley.com/doi/abs/10.1111/j.1365-2621.1991.tb05331.x

8 1999 論文「攝取用鐵鍋煮的食物對於鐵質狀態和年幼孩童成長的影響」Effect of consumption of food cooked in iron pots on iron status and growth of young children: a randomised trial，https://www.ncbi.nlm.nih.gov/pubmed/10073514

9 2013 年論文「鐵鍋煮菜對於鐵質狀態的益處」Beneficial effect of iron pot cooking on iron status，https://www.ncbi.nlm.nih.gov/pubmed/23868537

10 中時電子報，補鐵補過頭，反易罹癌，https://www.chinatimes.com/realtimenews/20150131002015-260405?chdtv

一心文化　science 003

餐桌上的偽科學 2：
頂尖醫學期刊評審用科學證據解答 50 個最流行的健康迷思

作者　林慶順（Ching-Shwun Lin, Phd）
編輯　蘇芳毓
美術設計　徐子大
內文排版　polly（polly530411@gmail.com）
出版　一心文化有限公司
電話　02-27657131
地址　11068 臺北市信義區永吉路 302 號 4 樓
郵件　fangyu@soloheart.com.tw
初版一刷　2019 年 8 月
初版二刷　2020 年 9 月

總 經 銷　大和書報圖書股份有限公司
電話　02-89902588
定價　420 元
印刷　呈靖彩藝股份有限公司

國家圖書館出版品預行編目（CIP）

餐桌上的偽科學 2 : 頂尖醫學期刊評審用科學證據解答 50 個最流行的健康迷思 /
林慶順著 . -- 初版 . -- 台北市 : 一心文化出版 : 大和發行 , 2019.08
面；　公分 . -- (science; 3)

ISBN 978-986-95306-7-5(平裝)

1. 家庭醫學　2. 保健常識

429　108008402